U0006240

自然農・栽培の手引き

監修：川口由一　作者：鏡山悅子

自然農

第一次栽培全圖解

譯者──岩切澪、蔣汝國

向大自然學種菜！
活化土地
最低程度介入的奇蹟栽培法

自然農：生命的經營，田園的經營

文／川口由一

　　綠色、紅色、黃色、白色……田園日日出現顏色、姿態各異的美麗蔬菜，這樣的生活真是可愛，令人開心。

　　親手栽培出發亮、金黃而且莊嚴的稻米，喜悅特別多。

　　尤其，在自己的田中從果樹摘下新鮮水果來吃，更是充滿幸福感。

　　清晨，踏著葉尖上的露水、承受閃耀的陽光於一身，一邊感覺到從生命吹拂而來的風、一邊在田中工作，人的身心能得到最好的健康狀態。

　　農務生活，可以讓人生變得踏實、意味深長而豐富，並且心平氣和。

　　飲食的自給自足，則是擁有生命的人們發自內心的願望，靈魂也得以安心立命。

更豐富、深奧和充實的農務生活

　　本書非常精彩。為了幫助人們實踐如此美好的農務生活，作者鏡山悅子小姐搜集了自然農的田間作業指南，加以整理編輯，並以細心描繪的插圖加以具體呈現。

　　本書是自然農的指南——它是「不耕耘，不用肥料農藥，不與草和昆蟲為敵，跟隨生命順從生命、應許它也交給它的同時得到收穫」的技術。本書不只留在指南的層次，也引導讀者進入更豐富、深奧和充實的農務生活。人類進入到廿一世紀，永續的生活與存在方式已變成每個人的必要課題，我相信本書很珍貴，因為它會引導許多初學者來到自然農，在農務領域中得以完善、根本解決上述的種種問題。本書也一定會受到許多對自然農有著深刻感情的農友歡迎。

　　我們的環境，讓我們與所有的生命得以存在；自然農的目標是，絕不污染它，破壞它，損傷它，不浪費有限的資源，不創造任何無法處理的垃圾。本書提出自然農的技術方法，由此希望培育出不傷害人類，並能讓身心更健全的生命力旺盛的作物。我期待除了從事農業的人們閱讀本書之外，也要讓生活在現代各領域的人們收到其訊息。

　　「跟隨順從自然生命法則」的這種農務日子，實在令人開心。它會領導我們，讓我們的靈魂處於巨大的安心境地。農務營生天天受到大自然的影響，它將使我們正確地認識生命、生命的世界，以及人類這個生物、自己本身與生老病死，並讓我們覺醒什麼是活著的意思與意義，開啟我們對於生存的明瞭與理解——從此，我們靜靜地開始擁有自我存在的確實喜悅。投入自然農的生活，將開啟人生不可或缺的巨大覺醒與領悟，進而領會生命的智

慧——我想，當有人想要邁進這樣的生活時，本書會大有幫助。

　　生命的世界一直變動不居，自然農的田地姿態也年年有變化，因此，正如本書呈現的，「跟隨順從生命的方法及技術」，絕不會凝固成一個絕對的形式。如果您一手拿著本書站在田裡，在整理田地、播下種子、培育作物的喜悅與感動中，也歷經許多失敗與成功的實際體驗，您將得以深刻思考生命之世界，深入觀察各種作物、草及小動物等之生命，與田地整體的生命姿態。您將察知其中的生命實相，發揮沒有偏見的智慧，去確實對應田間發生的每件事情——此時，這本入門書便已超越了提供方法的技術書，而成為活著的、有價值的書。

　　我們每個人都有無可替代的，非常非常重要的生命期間，與非常非常珍貴的一生。希望您能真正發揮您本來就有的真實智慧與能力，讓田地變成眾多生命共同創造的美麗樂園，在這個樂園裡天天享受自然的恩惠，獲得平和的心情與充實的人生。

尊重自然生命，享用田地恩惠

　　在這個無限的空間裡，時間會永遠不斷地流動，不會停止也不會休息，不會失誤也不會結束。這個時間的流動，就是「生命的營生」，時間與空間即是生命本身，實體本身。自然界與生命界，是由無數默默存在的生命所形成，在這個生命界出現的「我們人類的營生」，可說等於只是一剎那的寂靜晃蕩。每個人近百年的人生時間中，寂靜晃蕩就是真實的，神聖的，和平的，豐富的，美麗的，且絕妙的——那就是生命本身。

　　如果有人悟得生命之道、人之道，及農務的自我之道的話，這一剎那的生的營生，就會變成擁有深刻信心的永遠營生，並時時引導此一莊嚴人生前行。

　　這本書在許多人的期待中登場。作者鏡山小姐，於福岡縣絲島十多年來以自然農種下米麥、蔬菜果樹，過務農生活，本書分享了她所經歷的學習、經驗、創意與努力。我相信，本書是鏡山小姐尊重自然界諸多生命，並同時享用田地恩惠的喜悅日子中所創造出來的。

　　我深深且強烈希望，本書會變成照耀你我生命根本的入門書，這將是一件極美的工作。

（本文作者為日本自然農先驅者，赤目自然農塾主持人）

目　　錄

不用耕地、不與雜草和昆蟲為敵、不使用農藥
一心一意跟隨順從生命經營的自然農⋯

在這裡即將介紹我們福岡縣絲島郡二丈町一貴山的自然農的經營模樣。我們落腳此地已經三十多年了。個人覺得還不能說完美，但讀者也許可以參考一下這裡一年四季作物與草的關係，以及稻米與蔬菜的健全姿態。

冬天先準備苗床　　　　4月　下種（漸漸地覆蓋土壤）　　　　4月　下種（撒播稻草）

6月　在草叢裡種種秧苗（日光 Hi-no-Hikari 品種）　　　　稻米如同扇子般開始直線分蘗

成長的很健康，快要抽穗了　　　　從盛夏的田眺望一貴山

剛剛抽穗後的梯田風景　　　　晚夏的稻米姿態（稻穗開始垂下）

為了防止動物侵入，苗床上覆蓋網子　　　往上伸張的稻米新芽　　　等待近期插秧的秧苗們

6月　亮晶晶的麥穗　　　　　　　9月　五光十色的古代米

以自然農種稻米

　　我人生第一次種稻米至今已經二十多年了。對日本人來說，稻米是所有飲食中最重要的食物，因此種稻米感覺非常深刻，到現在每年還在學習很多事情。種稻一年只能種一次，卻也是很快樂的時刻。

9月　彎彎地垂下來的稻穗

稻穗後方眺望石蒜花

春天生命的經營

「春天是新的生命覺醒的時刻。照著天地的運行慢慢一起開啟生命，發起，開始進行「陽」的營生而成長。此刻千萬不能太急。春天的「陽」還很小。還脆弱… 柔軟… 溫柔… 細膩；絕不是，英俊的、很大的、勇敢的，並華麗的。小小的，柔弱的…溫和的…這樣就對的。」　　　——摘自川口由一《站在奇妙的田地裡》（野草社）

小蕪菁發芽的樣子　　　　　　3月下種的結球萵苣　　　　　　玉米還幼小的姿態

左上　胡蘿蔔的幼苗（4月中旬）　　　　　　　　　　　　　　　　上　法國大莢豌豆
左下　牛蒡的幼苗（4月中旬）　　　　　　　　　　　　下　形成一排一起成長的胡蘿蔔與牛蒡

一貴山春天旱田

　　我們一貴山的旱田位於標高約140m的山坡梯田中。日照的時間也只限於上午10點左右到下午3點半左右。雖然這條件有限制，但水與空氣非常乾淨，其中工作的時間給我們無可替換的喜悅。

　　請看一下喂養我們四口人家族的旱田的樣子。

　　我們也以自然農的方式種花，每年到了早春2月左右，去年灑落的種子開始到處發芽，給旱田添彩。

春甘藍　　　　　　　　　　剛發芽的秋葵　　　　　　　　日本南瓜的幼苗

中左　春馬鈴薯
中右　紅菠菜

左上　無藤蔓菜豆
左下　採種用開花期的胡蘿蔔，地下可見糯米椒的幼苗
右下　春天的旱田開了花。

草叢裡苗壯成長的玉米

半白黃瓜　割草時一次只割田畝的一邊

夏天的恩惠

旺盛生長的節瓜

夏天的生命經營

夏天的旱田以果菜類為主：番茄、甜椒、茄子等。當然也可以直播，但要看地方，如果等到4月地溫上升後下種，夏天就來不及享用作物的話，也可以採用3月先育苗再移植的方法。

動動腦筋培育花盆苗，氣候較涼的地方也可以栽培這些作物。（請參閱本書「有關溫床」一項。）

夏天的草很強勢，必須勤勉照顧；有些需要支柱的作物，務必牢牢的立起，防備颱風等災害。

移植後順利生長的番茄

3月育苗，再移植過來的茄子

6月　插秧前很開心的採收紅洋蔥

為了酒糟醃菜種白瓜

黃瓜利用本來豌豆用的支柱

在胡蘿蔔後種下糯米椒與結球萵苣

為甜椒立支柱

靠近冬天花蕾陸續出現　　　　　　　　　　　　秋葵的花只開一天，接著馬上結實。

秋天生命的經營

　　秋冬蔬菜的下種大概都是8月底到9月進行。此時，時常發生被蟋蟀或大琉璃金花蟲吃掉剛發芽的幼苗；重要的是，周全推測作物與草的關係、播種期、地力、乾燥，及通風等，並對每個因素好好對應處理。

左上　茼蒿菜與迷你金盞花
左下　果樹地的底下撒播的幾種葉菜類

奇異果11月先採收，讓它慢慢成熟

從苗床移植後一個星期的紅菜苔與直播的白蘿蔔　　　　　　用花盆育苗後移植的大白菜

高達3米的紅秋葵　　　　　　　　　　　　　　到了秋天開始結很多果實的茄子

　　土地大小有餘裕的話，建議讓有些地方偶爾休息一下，很有計劃的利用田畝。

　　疏苗過的菜可以醃一個晚上再吃，做醃蘿蔔，或做蘿蔔乾等，秋天是飲食樂趣豐富的季節。也可以期待栗子、奇異果及蘋果等水果類的豐收。

右上　水菜的後方可見大白菜
右下　芥菜與分蔥

挖掘花生是一大樂趣

從一片種薑產出這麼多的生薑　　　　　　　　先育苗再移植的青花菜與大白菜

梯田石牆的修復

在梯田，大雨後田埂與堤壩有時會崩塌。下面的照片是，我們請教鄰居前輩修復堤壩時，邊實踐邊學習的紀錄。

我們先從溪流搬運一些石頭，他仔細觀察石頭的形狀後，非常漂亮的疊起了結構，令人佩服。我們一定要繼承這種智慧。

秋天常看到的身長20cm左右的癩蛤蟆

①用甲板與木樁先做臨時的處理

⑤仔細觀察石頭的形狀再調整整體。

②最底下的石頭要謹慎擺置

⑥石頭與石頭之間放很多小石與土壤，使石牆凝固。

③裡面鋪滿小石並製造微微的斜度

⑦最上面填土，使草自然發芽而生長。

④石頭擺好一半了

⑧終於完成了！

寫給台灣讀者的話

文／鏡山悅子

　　我認識自然農和川口由一先生，今年（二〇一七）就滿二十六年了。搬到我們目前的住居一貫山並開始實踐自然農的生活，也已過了二十二年。我們在這山間梯田的角落實踐自然農，過去二十二年完全沒有耕耘這裡的土地；現在確實感受到，對我們來說，這些都是我們的喜悅——自耕自食的喜悅，滿足人們的需求、主辦私塾並與許多人一起琢磨的喜悅，將自然農的技術與核心傳達給年輕一代的喜悅……

　　在自然農的圈子裡，有很多原本在都會生活的朋友們，他們為了實踐自然農而改變了自己生存的方式，自己或與家人一起開始學習自然農，然後漸漸發覺什麼是自然農所領導的「生命世界之根本」。我在旁邊常看到如此的改變與姿態，而覺得未來還是充滿希望。

　　本書在台灣出版之際，首先要深深感謝陳冠宇先生與以莉高露小姐，他們對自然農感興趣，自己也實踐，並創造此次出版之機會；也非常感謝最後盡力實現中文版出版的果力文化出版社。

　　另外要衷心感謝岩切澪小姐。她在本書翻譯過程中，仔細斟酌自然農的特殊用語及術語，細心做了文字修改的工作。岩切小姐的母親與妹妹是我們一貫山自然農私塾的成員，她也每年來幫忙她們的工作；因為她透過親身體驗來理解自然農，我就很放心地將譯介工作交給她了。

　　自然農是真正能永續的務農方式。這個「不耕耘，不使用肥料農藥，緊緊依隨生命而經營的自然農」之存在方式，指示著我們人類該前進的方向。

　　希望在台灣與華文地區，有更多人認識自然農，而開始以此觀念種田。

　　也衷心期待這本指南書能夠幫助這些想要實踐自然農的人們，並藉此發覺生命世界之本質。

在閱讀本書之前

整理／岩切澪

■自然農在台灣

　　一般來說，不撒農藥並使用有機肥料的農法稱為「有機農法」；在台灣，大家似乎認為不撒農藥但沒有獲得有機認證的農作物就叫做「自然農法」。

　　事實上，接近大自然法制的農耕法有好幾種：

- 日本以「黏土球」為有名的福岡正信（Masanobu Fukuoka）所開始的自然農法
- 日本的世界救世教之教祖岡田茂吉（Mokichi Okada）所研發的系統
- 日本以奇蹟之蘋果為有名的木村秋則先生開始的「自然栽培」
- 德國魯道夫・史代納（Rudolf Steiner）提倡的「生機互動農法」（Bio-Dynamic，簡稱 BD 農法）
- 本書根據的是川口由一先生開始倡導的「自然農」

　　就譯者所知，在台灣最普遍的是一般有機農法，再來是 MOA 自然農法及秀明自然農法；上述這些自然農法均不會施肥、無農藥，但幾乎都會耕耘土壤。不耕耘土壤，並強調土壤中保持生物互相作用的「自然農」普及率還不高。希望本書的出版，能夠開啟台灣自然農的新潮流。

■自然農之特殊用語説明

　　有關自然農的專業用詞，請參見書末收錄的「自然農迷你字典」。此外，還有一些比較特別的用語，解釋如下：

- **下種：**相對於一般說法「播種」，「下種」比較不強調人類主體之行為，更貼近大自然本身的道理。
- **草：**自然農幾乎不說「雜」草，而將它稱為「草」。按照「不與草與昆蟲為敵」的原則，自然農將野生草與蔬菜都視為同等生命，都是努力生存的、大自然之一部分的關係。

■栽培時間説明

　　本書標示的栽培時間，為日本列島的標準時間。書末收錄的「下種曆」，是依照川口由一先生（位於日本奈良縣櫻井市）的農事時間所編寫的農事曆。

　　台灣及其他國家的氣候和日本不同，有些作物可能會較難栽培。希望讀者能斟酌兩地差異性，並編輯自己居住地的版本。

第一章

和田園相遇
開墾田園

──從觀察田園開始──

定下實踐自然農的心願，此一心願能夠到回應，並能和夢寐以求的田園相遇，真是非常幸運！不論田園是大是小，都是您能好好展開自然農的舞台。

首先踏出的第一步，就是要確實的面對這一片土地，用自己所擁有的智慧好好的加以策劃，去思考與描繪，有著「本來的生命」與會呼吸的農園的樣貌：面對在農園裡活著的所有生命，我們如何能以最完善的方式，使它們的生命得以完整，而且可以活到十全十美。

呈現在眼前的廣大田園，是怎樣的狀態呢？是一直以慣行農法栽培的農園最近才轉手 讓出的呢？或者是租借來目前休耕的田園，但地主租給您之前已過度耕耘的農地？或者是放置了好幾年，接近草原狀態的田園？或者是園子裡的茅草和細竹已長得很茂盛的地方？甚至還有一些雜木零星的存在？

您也許會擔心，像這樣的土地到底可以種稻或種乾旱作物嗎？但是，請您不用擔心。首先要做的，就是好好觀察這片土地的狀況，看清楚該要做的事情，然後專心去一一規劃。

若是已經放置了好幾年沒有耕作的土地，就可以推測，在那之前所使用的各類農藥的毒害已完全淨化了，而 且可以說，閒置的年數越多，土壤會越豐富。

相反的，剛剛才用機械耕耘機去翻耕的土地，和前述的狀態比較起來是稍微有些可惜；不過，若是從這樣的狀況開始作自然農，即所謂「從零開始」的狀態開始，也是可以享受到土壤漸漸變得豐富的樂趣。

那麼，我們就先從荒地開始，展開自然農的舞台吧。

❶開墾荒地

開墾荒地，以秋天到冬天的季節開始比較適當。因為地上部分都枯死了，作業比較容易。比人高的加拿大一枝黃花、艾草、香絲草，可以先以鐮刀割除其地上部，而先擺在田地外的適當地方。竹子、日本榿樹、茂生的芒草等也可以同樣地割除地上部。如果您的這片土地想當稻田的話，那就不用擔心先放著就好；因為放水的話，這些地下莖會腐朽。如果您想在這片土地種菜的話，可以以鋸鐮刀從較為深層的地下割除。

另外，例如加拿大一枝黃花與艾草的根是多年生，廣泛的分布在地下淺層，依據想要在那裡栽培之作物的性質，也可以考慮稀疏的將草拔除。

對於狗尾草、茅草等大型的植株，要把鐮刀伸入地下去割除是有些困難，只要將地上部割除即可，等待芽再長出來之後再割除，如此反覆數次，漸漸的這些植株失去勢力後就會枯死了。

因此，對於大型的植株不必重勞動去挖它的根。

對於樹木也是一樣。把地上部砍掉，不必去挖它的樹墩，栽種作物時避開這些樹墩即可。

描繪出包含小樹叢在內的廣大農園，這就成為不拘型式的快樂菜園。菜園描繪的樣子完全按照個人的意見。只是有的樹木會幾年就驚人的長大，瞭解各別生命的性質是很重要的事。

把這些工作做過一遍之後，土地整體的樣子就明朗了，就好像越過一座山一般爽快的感覺。看透土地整體的樣子之後，把其上的枯草、枯枝和枯葉拿到外面堆積，準備進入做菜畦的工作。

在田地旁，先擺著一些割下來的竹子，加拿大一枝黃花等草。

21

❷築菜畦

在田地築菜畦

菜畦是為了栽培作物稍微高出來的隆起土壤。

在歐洲和日本北海道的部分耕地，時常會看到不做菜畦，直接在平坦的旱田栽培作物的情況。這是因為那些地區的氣候乾燥之故。因此，像斜面那樣排水良好的地方沒有必要做菜畦。也就是說，做菜畦的最大目的是使排水良好。幾乎所有旱田作物都不喜歡濕地。

日本的氣候，除非是位於斜面，都必須先築菜畦。

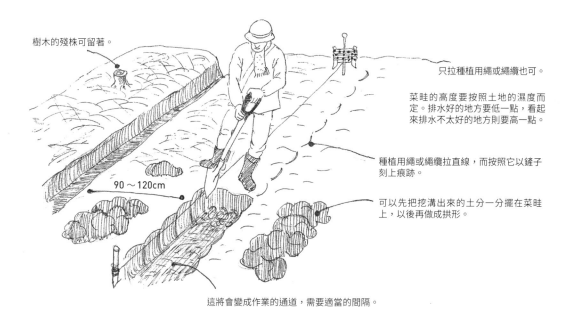

樹木的殘株可留著。

90～120cm

這將會變成作業的通道，需要適當的間隔。

只拉種植用繩或繩纜也可。

菜畦的高度要按照土地的濕度而定。排水好的地方要低一點，看起來排水不太好的地方則要高一點。

種植用繩或繩纜拉直線，而按照它以鏟子刻上痕跡。

可以先把挖溝出來的土分一分擺在菜畦上，以後再做成拱形。

農園要種什麼作物、要種多少？先作大略的整體計畫。幾乎所有的蔬菜都有90～120cm的菜畦。西瓜、南瓜等有2～4m的寬度的話就足夠其舒暢的生長。

菜畦要南北走向。如此則從太陽上升到日落，作物普遍都照到陽光。假使東西走向的話，則只有南側照射到陽光。

菜畦的高度在排水良好的地方低些，排水不太好的地方就要作高些。

具體上要如何去築菜畦呢？菜畦與菜畦之間的通道上，把土壤削下分配於兩邊的菜畦，使成為緩坡的半圓球狀，通道則挖成水溝狀。

如上圖，要種植的旱田拉一條繩子，沿著這條線作業，完成之後就很漂亮了。

要依照農園種植的計畫築菜畦，假使該土地的黏土質多、排水非常不良的話，為了使下雨後田區的積水早些排出，要整體觀察田區，設置一個排水口的溝即可（詳下頁圖中A）。為了田區的積水容易流出，排水口要設置在最低的地點並且要有些傾斜。

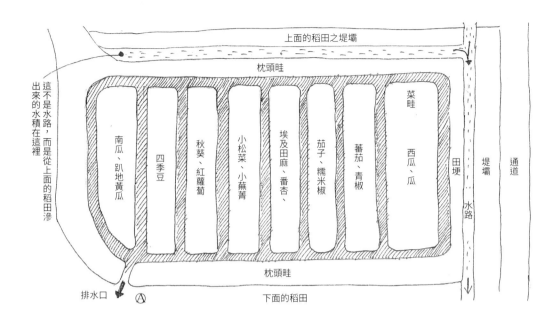

　若田區本來是水田，其上方的水田會滲出水或有水流入的狀況時，可在田區周圍作一個叫做「枕頭畦」的畦狀堤防以防止水的流入。這些工作非常費事，但為了經營最佳的旱作，這是很重要的工作。當然，若是排水良好，就不必要做這些工作了。

　菜畦全部築好後，把最初割除的草（拿到外面堆積的草）全部覆蓋於菜畦上，或者所有拱形的菜畦*上，還有菜畦與菜畦之間的水溝狀通道也要覆蓋。菜畦上、下不要有土壤裸露出來，要全部覆蓋。

　假使開墾的土地極端貧瘠的話，此時撒些大豆粕或米糠，上面覆蓋割下來的草即可。而且要在春天要下種蔬菜之前大約兩個月，把這些準備工作完成。

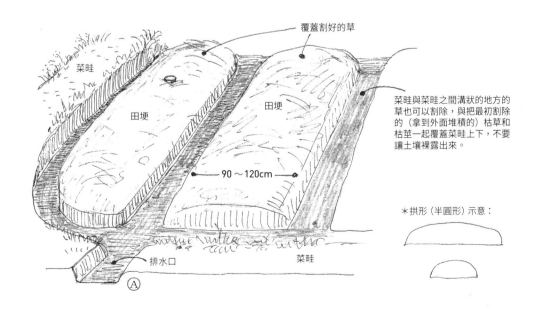

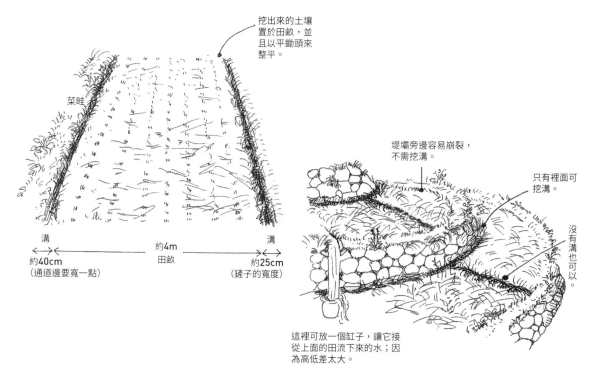

挖出來的土壤置於田畝，並且以平鋤頭來整平。

菜畦

溝　約4m　溝
田畝
約40cm　約25cm
（通道邊要寬一點）　（鏟子的寬度）

堤壩旁邊容易崩裂，不需挖溝。

只有裡面可挖溝。

沒有溝也可以。

這裡可放一個缸子，讓它接從上面的田流下來的水；因為高低差太大。

水田築畦

・在自然農的水稻栽培，在水田中間挖溝，挖溝而形成的田畝上插秧。因為自然農不要耕耘，所以最初作成的田畝是稻米生命的舞台，年年其殘骸堆積重疊，越來越豐富。

・水田築田畦的方法是，在平地有廣闊的水田的話，南北走向每隔4m，挖溝一條，挖出來的土壤平鋪，田畝要平，灌水進去時不要有高低差，田的周圍也要挖溝，挖出來的土壤置於田埂或田畦，以便日後用於較低的地方之修復。

・水田築田畦的目的是，冬天栽培喜好乾燥的麥時要有良好的排水，以及水田灌水時即使沒有很深的水，溝內有水的話就可以保持足夠的水分，插秧、除草的工作也比較容易。

梯田築畦

・在山中的梯田，一塊田的寬度也很窄而且形狀也各式各樣；田畦的寬度不必被基本的大小拘束，作田埂要依據栽培目的，自由的加以籌劃。

・像右上圖的梯田，有的地方田的邊緣不要挖溝較好，挖溝渠時田埂容易崩塌，所以不要挖，或者是田埂加寬，即使有田鼠洞也不會有崩塌的情況發生。田畦的寬度不必拘泥於4m，依狀況也可以考慮每10m一條。溝渠也不要挖得太深，這在梯田是很重要的事。在梯田的耕作土壤其厚度多半在15～20cm，其下是地板，地板若被挖破成為如竹籠一樣易導致漏水，田鼠洞即使是小洞，若溝渠很深的話則水壓高，很容易一下子擴大。

以上是說明有關築畦的方法，這些工作要在冬天，草都乾枯時進行。
經過5～6年後，畦溝會自然的被埋沒掉，那時再重新挖即可。

第二章

種稻

──冬天的工作──

> **秧（育苗）田的準備：12月～1月**

　　每年稻米的栽種實際上是從寒冬就開始準備。稻種下種是在4月中旬以後，但是為了那時候發芽的幼苗能夠健康、強壯的發育，在冬天就事先把生長的舞台準備好。在自然農不論是水稻或陸稻，育苗期間的兩個月不需要水。這樣的話秧苗才會健壯。

　　這種方法稱為陸秧苗或旱田秧苗。

　　水田分布很廣或是梯田有好幾塊的情況時，秧田不要集中在一處而要分散於數處。一旦要插秧時，搬運秧苗的距離越短的話越輕鬆。梯田有高低的落差，搬運秧苗的工作是很辛苦的。

製作秧田的標準		
每分地 （300坪約1000m²）	秧（育苗）田的大小 是1.4x18m（25 m²）	穀子的量是6～7合（1合=0.18公升） 插秧的間隔是40 cm x 25 cm， 插秧插1株秧苗
一反等於10畝。按照田地面積可計算出來。	這是從兩邊做各種作業（覆土、拔草等）方便的寬度，可按照每個人的身體尺寸來決定。如我的手臂較短，因此1.2m寬很方便，所以秧田的長度需要21m。	在川口先生的田地，近年來插秧間隔已固定於40cm x 40cm 的1株秧苗，所以穀子的量是4～5合就夠了。秧田的大小則是 1.4m x 15m 即可。

❶割除冬天的草

　　秧（育苗）田的大小和地點決定好之後。首先作記號，在四個角落打椿，四周用繩子圈圍起來，冬天的草接近於地面處割除，割下的草或者麥草移到外圍。

❷削除表土

· 為了要除去冬天和夏天雜草的種子，削除薄薄的
　　一層表土放置在秧田的兩側。

· 最初在決定場所時就要避開有宿根的草（如艾
　草、日本芹菜等），若有宿根則用鐮刀伸入地下
　將之割除，但也不必太徹底，草長出來之後再割
　除即可。

❸補上米糠

撒米糠（粗糠），其上用稻草整齊的覆蓋，保持這樣子直到四月要播種時。

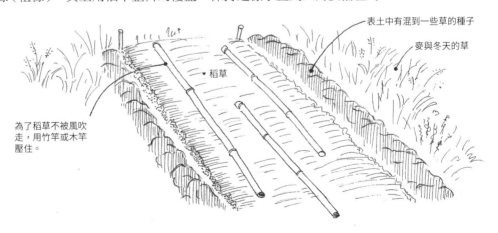

表土中有混到一些草的種子

麥與冬天的草

稻草

為了稻草不被風吹
走，用竹竿或木竿
壓住。

· 因為削除一層表土，所以有必要補上米糠（粗糠），以去年收穫的米糠（粗糠）比較好。
　量千萬不要太多，地面薄薄的蓋住即可。

· 沒有耕耘的狀態經過10年的話，削除表土後的土已經是腐葉土了，不必再補上米糠（粗
　糠），反而補上米糠（稻穀）對發芽及秧苗的生長有時會發生障礙。在川口先生的田裡，
　大約第12年起，準備秧田前都不需要補上米糠，發芽後幼苗長到3～5cm時，需要的話
　撒一點點的米糠（撒到幼苗上，用手輕輕的刷過）。

──春天：下種──

　　下種的前一天準備稻種。按照標準每分地（一反＝約1000m²）稻種的量是6～7合，計算稻種的量，應再稍微多一些，浸泡於水中，除去浮出水面的種子。（沒有必要用鹽水選種）

※第一年，也許可以請認識的自然農家提供一些稻種。第二年起，從自己種的田裡選擇最健康的稻稞來留種，割稻時要另外好好的保管。

如果稻種有濕氣比較不好處理，倒出水後讓它晾乾。

下種：4月中旬到5月上旬

　　到了要下種的時刻了，選擇前一天沒有下雨的日子（土壤潮濕的話不容易覆蓋土）。冬天準備好的秧（育苗）田要開始動工了。

❶整土

　　移除覆蓋的稻草（因為還要再用，所以謹慎的將之放於旁邊），割除周圍的草。秧田表面補上去的米糠（粗糠）已經腐朽了，用鋤頭把表土3～5cm輕輕的耕耘、打碎土及整平，然後為了使播種的種子能夠均勻分布，用圓鍬背面或木板輕壓表層。

四周有看麥娘、救荒野豌豆、毛莨等很多草，或麥等茂盛的小麥。

竹竿

稻草

❷下種

- 要考慮秧田的寬度慢慢、少量的撒播，從秧田的一端下種到另一端，來回2～3次。小心謹慎的將全部的種子播完。
- 手握種子，如圖那樣輕輕的抓一把，讓種子從手指縫掉落。
- 最後在不均勻的地方再補上一些種子。（約3cm間隔）

❸覆蓋土

- 使所有的種子都蓋上和種子一樣厚度（5～7mm）的土壤。土壤要過篩或用手揉碎。
- 土壤內不可以混雜有其他草的種子。

❹覆蓋土之後，如圖那樣再次用圓鍬背面或木板輕壓。如此可以稍微防止土壤乾燥。

❺覆蓋草

利用周圍的草或者是利用去年的稻草。先把雜草切成10～15cm，從高處不規則的撒落。葉子寬、莖粗大的雜草不適合，因為沒有空氣流通的空隙，影響發芽。最後再蓋上冬天鋪於秧田上的稻草。如此可以防止乾燥、寒害、鳥害。

❻老鼠及麻雀的防止對策

老鼠及麻雀會從苗床底下侵入，因此最後要在四周圍挖溝。以鏟子的寬度挖20公分深的溝，挖出來的土壤堆積於四周外面。這工作若是在準備秧田時完成的話，挖上來的土壤中最低的部分不會混雜入雜草種子，可以利用作為覆蓋土。又插秧的最後，秧田也可以種稻，此時把周圍堆積的土放回即可。

❼有關灌水

自然農絕不讓土壤裸露，因此無灌水的必要。但持續日照太強時需1～2次充分的澆水。

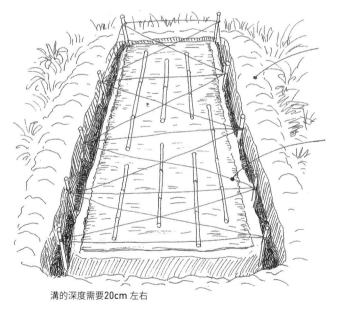

為了防止田鼠或野鼠的侵入，四周要挖溝，並將挖出來的土放在溝的外側。

避鳥用的繩子。牠們討厭羽翼卡到繩子，不會靠近。

這是乾的秧田，除非是非常乾熱，基本上不用澆水。乾秧田可以養出比水秧田健康的育苗。

溝的深度需要20cm 左右

❽麻雀選中的目標是稻種發芽高度3cm以下，以上的話就不必擔心，因此在這之前要好好保護。建議於四周的垂直、水平及對角線上圍繞繩子。又依照地點的不同，也要有防止貓、狗、兔、山豬的對策，張掛網或者是在秧田上放置竹子枝條，防止入侵。

❾大約二星期確認發芽，但依當年氣溫狀態，天數多少有些差異，稻草太多的地方，可稍微拿開一些讓溫暖的陽光可以照射得到，但絕不可讓土壤裸露。

· 約二星期後的樣子，發芽後
  稻草太多的地方可以稍微拿
  開一些。

· 播種後30天左右，若有雜
  草，以不傷害到秧苗的情況
  下將之拔除。

（照片來源：川口由一）

有關稻種

· 稻種可與實施自然農的農家商量索取，每分地6～7合（1合=0.18公升）的量。開始種
  時從近鄰的農家分得，然後就自己採種也是方法之一。
· 稻的種類有水稻、陸稻之別，蓬萊米、糯米之別，此外生長期間的長短有極早生、早
  生、中生、晚生等豐富的種類。
· 寒冷的地方和水比較冷之海拔高的梯田，若栽種晚生種會擔心成熟慢，因此要選擇早生
  種。梯田無法積蓄水的地方要選擇陸稻。要依照土地的條件、氣候等選擇適合的品種，
  再按照自己的喜好決定即可。
· 近年來競相追求食味和產量，有各式各樣的品種被育成，自古就有的品種（古來種）最
  經得起長年累月的篩選，這些品種應該愛惜。

──夏天的工作──

插秧的準備

6月水溫變溫暖了，苗床的秧苗也確實的長大了，越發接近插秧的時候了。從現在開始，約三個半月田裡要放水進去。為了讓水容易流動、不要漏失，要開始準備作塗抹田埂的工作，這樣水田更容易照顧。

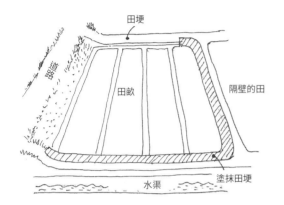

路道
田埂
田畦
隔壁的田
水渠
塗抹田埂

❶要把田埂的草剪短

田和梯田其四周圍的田埂，要把草剪短，割下來的草儘量放入田裡，疏忽了這個工作的話，漏水的地方就不容易發現。

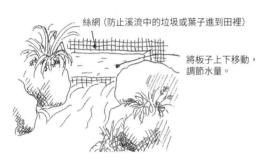

絲網（防止溪流中的垃圾或葉子進到田裡）

將板子上下移動，調節水量。

❷水口、水田入水口的整備

去年秋天把水口關閉，會有枯葉和小石子堵住。在溝渠取水口的地方儘量把垃圾等清除掉，使清潔的水流通。如果有幾片梯田，要整理每片田地的取水口，因為偶爾石頭下面有田鼠的洞。

於水流下來的地方堆上石頭。

❸引水到水田

一切都齊全之後，水路裡開始流入今年要用的水，總覺得心裡就會激動起來。就要開始插秧了，心情也緊繃起來。這個瞬間，梯田變成很漂亮的有水的風景。水田的準備還有一件工作，就是塗抹田埂，有計劃的去進行，需花費兩天的時間。

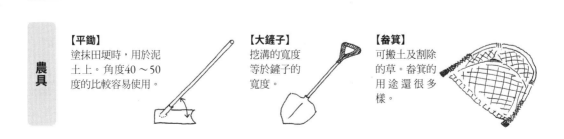

農具

【平鋤】
塗抹田埂時，用於泥土上。角度40～50度的比較容易使用。

【大鏟子】
挖溝的寬度等於鏟子的寬度。

【畚箕】
可搬土及割除的草。畚箕的用途還很多樣。

❹塗抹田埂

←田埂→
水溝
田畝

- 塗抹田埂的工作是為了什麼呢？答案是為了不讓水漏掉，要像游泳池一樣不漏水。
- 據說以前的水田，最初在造作時，是把很會儲存水分的黏土放在最下面，其上放入現在的土。
- 即使如此馬上會有田鼠挖洞，所以必須發揮智慧並加以修復。塗抹田埂是每年必須要做的工作，所以希望早些把工夫練純熟。完成後的水田，看起來就覺得舒服。

第一天（圖1）

田畝

應該是20cm左右。
要注意千萬不要破壞
下面基礎的黏土層。

↓

第二天（圖2）

←田埂→

約10cm
遺骸之層
田畝

塗抹
田埂

通常的水位
塗抹田埂時，
調整成一半的
水位。

約30cm
水溝的寬度

- 首先要把菜畦上面的草剪短。因為要塗抹田埂，菜畦與畝之間的溝要比畝與畝之間的溝渠要挖寬些，畦側面的斜坡的形狀要削整齊，在溝的當中耕起然後用腳去踩，把踏實的土盛於菜畦側面的斜坡上。（圖1）
- 如此放置一天，第二天之後泥土就稍微變硬了，如圖2那樣，在畦邊的上半部和溝邊的斜面塗抹。像水泥匠一樣用鋤頭的背面來塗抹。
- 6月到8月間，田裡面要放水進去，平地的水田比較不成問題。山中的梯田常常會有大洞，而且會使土堤崩塌，因此即使小洞也必須留意。無論如何修補也不能蓄水的田，要種水稻是有困難的，可以考慮改種陸稻。

可以利用畦田做其他作物

【芋頭】
梯田靠裡面的畦田通常濕氣高，種芋頭會很好。收割稻米時一起採收芋頭會很好。（種植間隔約60cm）

【黃豆、紅豆】
我看過川口先生塗抹好田埂後，以約40cm的間隔，很有節奏地下黃豆的種子。他說，此時，種子上不用覆蓋土，只蓋過一些割好的草即可。

插秧 終於要插秧了，秧苗生長得健康活潑嗎？

自然農的插秧是在草叢生的水稻田中把草壓倒，把秧苗一株一株的種下。

這時對付田裡的草的方式大大關係到之後水稻的生長。

應注意其道理，依其時間、場所好好的去對應。

草的處理方式

冬天的草已經枯死，春天的草置之不理不久也會結束生命的。稻子是夏天的草，同樣是夏天的草太強勢時，稻子就需要人手幫忙。同樣是夏天的草，艾草和藜是陸生的草，在水田不久就會枯死，不會造成太大的問題。在水中生長的戟葉蓼、水芹，畦蓆等水一進入就更加有活力。

觀察其和水稻之間的關係，為了水稻能夠和草競爭，有必要助其一臂之力。對應的方法有，插秧前全部割一次，或是一面插秧一面把要種的地方割除，或是只是將之壓倒不必割除，依各自水田的情況找出最佳方法。

取出苗床上的苗時，建議用平鋤連3～4公分的土一起撈取並放入淺木箱，以免傷到根部。

稻米的秧苗與其他類似的草比起來，比較硬，莖比較扁。

這附近有小小的鬍子。

農具、其他

【淺木箱】
搬運秧苗

【種植用繩子】
種植直線時，可以參考種植間隔。

【移植用鏟子】
遺駭之層還很薄並土壤很硬時需要使用。

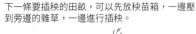
下一條要插秧的田畝，可以先放秧苗箱，一邊壓到旁邊的雜草，一邊進行插秧。

壓到的草

· 在炎熱的夏天進入到有水的稻田會感覺很舒服的。和水稻一樣是夏天的水草有戟葉蓼、水芹，花看起來很漂亮。一株秧苗種在雜草當中總是看起來會擔心，但是1～2星期過後根活躍了，很快就開始分蘗。稻葉的顏色有些黃色時，根已經活躍了，補充一些米糠即可。

· 第一列要牽繩子，繩子下方要種植秧苗的地方，先用腳踐踏雜草使之倒伏，撥開雜草種下秧苗。第二列就以種植第一列的秧苗箱，將雜草壓倒。

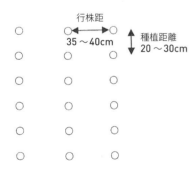

行株距

種植距離
20～30cm

行株距
35～40cm

有關行株距

· 左圖是有經驗的人實際上所做的大致上的標準。

· 因為之後要進去割草，行距太狹窄的話不好作業。

· 年年土壤可以重疊上去，株距寬反而植株變大、產量多。

· 順便一提，1997年（自然農實施第20年）川口先生採用40×40cm的行株距，是一般難以想像的行株距。他的其稻穗長得非常好，就像慶典時那樣金黃色下垂的稻穗。

【鋸鐮刀】
初學者很容易用的鐮刀。

【插秧足袋】
如果您嫌棄打赤腳，也有這樣的商品。比雨鞋容易走路。

橡膠製

【其他】
毛巾、棉手套、斗笠

對付田裡的草

到了梅雨期前後氣溫升高，草的生長勢力很強，水稻在插秧後2星期，也開始要分蘗，此時要好好觀察與周圍的草之間的關係，水稻好像快要輸的時候，要出手協助，壓制草的勢力。

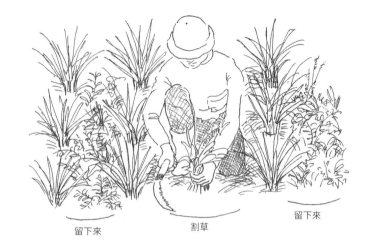

留下來　　　割草　　　留下來

・要割草時是在插秧後10天前後，水稻已好好活着後進行。隔行割草，因為全部一次割除的話，那些在草上的昆蟲會遷移到水稻為害。若水稻尚未完全活着之前進行割草的話，會阻礙到水稻根系的生長，應特別留意。基本上稻田的割草是在水稻好像快要輸給草的時候才出手協助。

・水中的草多半是匍伏型草，割除後還會再長出來，但經過2～3次割草後水稻就不會輸了，水芹也不再蔓延、戟葉蓼也不會持續佔領。

・戟葉蓼的根是淺根性，拔除時殘株不會傷到表土，拔除後將殘株反轉放置即可（若沒有把草反轉過來，根很快就會再活着）如此做幾次即可壓制草。無論如何，這個時期的草的處理方法最大的課題應是，自己如何面對土地、場所的現狀等過程。此外割草作業時，田畝上面不要有水，只在溝裡面保持有水的話可以使割草工作更容易，割下的草容易枯死，也可以壓制草在水中復活。

首先，稻米如同扇子般開始直線分蘗。

注意毒蛇！

從上面看，黑色與棕色的紋樣很明顯。

日本 Mamushi 的牙齒頭形為三角形，咬痕幾釐米間隔，看似刺傷。

在稻田裡，當然也會遇到 Mamushi 等毒蛇。靠近草叢時，千萬不要馬上跑進去，而要慢慢接近，讓蛇意識到我們的存在。
另外，如果要殺蛇，一定要徹底處理，否則據說祂們會發出人類聽不到的聲音，叫同類的過來救援，可能會造成二次災害。

紅腫、疼痛開始厲害了，紅腫往身體的中心擴大；想吐、嘔吐、肚子痛、拉肚子、虛弱、頭痛等出現了。
如果以上症狀出現，被毒蛇咬的可能性很大，也有生命的危險。請不要焦急，確實處理後，請儘速前往醫院。（以防萬一，建議先查好，常預備血清的就近醫院。）

可預計田中會出現的草

- 水芹
- 戟葉蓼

類似金平糖的粉紅色的花

- 半邊蓮

淡淡的粉紅色

- 野稗

高度會超過1米

- 天胡荽
- 長鬃蓼
- 蓴菜
- 石龍芮
- 升馬唐
- 碎米莎草

etc

關於菜畦上面雜草的割除

割草時期的標準（5月底、8月底、10月底）一年三次

- 菜畦上面的雜草不論是那一個畦上面的，都需用心管理。畦和田裡會有蛇，在山區裏梯田的畦，即成為土堤，為了防止土堤崩塌，畦上面雜草的管理是非常重要的工作。要保持美麗的階梯狀，是要依靠根發揮它的功能。剪得短短的草它的根會持續很健壯的生長。這也可以維持菜畦的形狀。剪下的草可以放在田裡。
- 割草機在適宜的場所使用，且應注意安全。

分蘗的樣子

攝影：川口由一

越進行分蘗，稻草越有立體感，也會開始往四方擴大。

8月10日左右；分蘗已結束了，莖變圓了，可見稻草已經開始準備出稻穗。

萬一被毒蛇咬

1. **綁止血帶** 將離被咬的地方幾公分靠近心臟的地方，將靜脈壓迫著，鬆弛的綁繩子。如果是手指，將手指根緊緊的握住。
2. **將蛇毒吸出來** 儘快用嘴巴吸傷口，與血液一起將蛇毒吸出來。（注意：不要吞進去！！市面有賣專用機器）
3. **冰敷** 緩解疼痛。
4. **就醫** 保持安靜，儘快前往外科醫院。

【蜜蜂與蜈蚣】
臨時的處理法，可用氨水。這是我的體驗，我有一次小指被蜜蜂叮，立刻請女兒尿在我小指上，就完全不痛了。

【蚋】
這比實際的大小還大。雖然祂很小，一到傍晚，或陰天，下雨天，會一直黏著臉旁飛來飛去，就會叮人！腫不腫看人不同，嚴重的人就會改變形貌。被叮後馬上塗上枇杷葉藥酒，不會惡化。

——水的管理——

插秧後水田裡面，會有各式各樣的小動物聚集，許多生命開始呼吸。蝌蚪、青蛙、水薑、水螆、水黽、鼓豆蟲、田螺、水蛭，有些地方可以發現瀕臨絕種的水蠆，稀有的兜蝦。水稻和許多生命一起在此生活。據說，古時候在水田飼養過泥鰍和鯽魚。如此說來，夏天水田的水管理是很重要的事。

引水方法

❶水口

一貫山的梯田可以從河川直接引水。用U形溝渠或水管引水，取水量在這裡做調節，用石頭或木板設置可以開關的取水口。

❷上層田的水口

水通過埋入旱田內的管子出來，再引流入上層梯田。有高度落差時，為了不使水勢沖刷地面，可以舖瓦片或

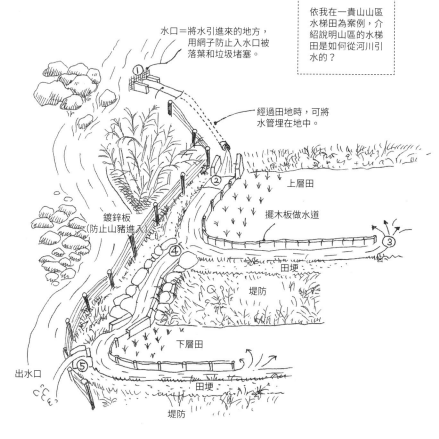

依我在一貫山山區水梯田為案例，介紹說明山區的水梯田是如何從河川引水的？

水口＝將水引進來的地方，用網子防止入水口被落葉和垃圾堵塞。

經過田地時，可將水管埋在地中。

上層田

擺木板做水道

鍍鋅板（防止山豬進入）

田埂

堤防

下層田

出水口

田埂

堤防

石頭。若高度落差更大時，可以用破舊的甕承接，溢出來的水引入水田。

❸引水

山上的水較冷，從水口取得的水可稍微繞一些路才流入水田裡，水就變得溫暖了。

❹灌溉渠道中間的木板

木板上升下降可以調節水量，而我也是使用磚塊做調節的。

❺出水口

繞過下層的梯田之後的水再度流回河川。若遇到下雨，為了不使水田裡的水太多溢出土堤，在出水口使用木板來調節水位的高低。

水量管理

稻子一生中有兩個時段不必灌水進去。育苗時期，時間約50天；割稻子前，也約50天。

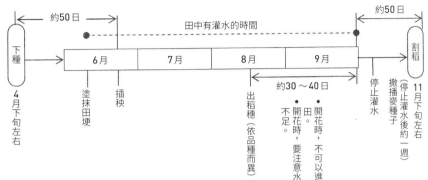

❶水田裡面水的覆蓋量

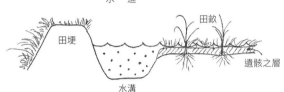

· 如上面的剖面圖所示，溝內隨時都須要保持有蓄水，畝面上的水剛剛能夠淹過就好，水量減少的話，打開入水口灌水。水在水田中滯留時，水溫會上升，對水稻的生長有益。不容易蓄水的地方，必須持續灌注少量的水。若在有民生用水排入的地方，白天要把取水口關閉，夜間才取水。

· 山區的梯田，有時候會碰到無法順利的蓄水，到處漏水，不知從何處滲漏出去，全為無法蓄水的情況。插秧時，要留意有沒有田鼠洞而且要完全防堵。插秧後，要每天檢查溝、畦、畝有沒有滲漏的地方。

· 也有在土用（立秋前十八天）前後有把田裡的水排乾的習慣，但是自然農從一開始並未深水灌溉，根部的伸展良好，因此沒有把田裡的水排乾的必要。而且把田裡的水排乾的話，水中的小動物會死亡甚至滅絕。

❷下大雨時

要馬上關閉入水口防止水的進入，降低出水口的高度或打開出水口。否則從水田溢出來的水會破壞土堤和水路，造成破洞。平地的水田是不必擔心這些，但是梯田或是會漏水的水田就必須注意。

❸無法蓄水時

先找出田鼠地下洞穴的入口並將其堵住。如此仍再無法蓄水，或者是不容易引水灌溉的水田，則改種陸稻也是解決的方法之一。

❹停止灌水

水稻開花結束後約一個月就不要再灌水。下雨的時候調節木板的高低，溝內的蓄水約一半即可。割稻前一星期或十天，溝內的水要完全排出。

❺排水後

· 排水之後、割稻之前可以撒播麥種子（譯註：大麥、小麥、黑麥、裸麥均可，請參考p.50～53）。

· 水完全排除後4～7天地面還保留濕氣時可以撒播小麥種子。如此一來發芽比較好而且不必擔心播種的種子被小鳥吃掉。割稻的時候，麥種子就已經發芽有3～5公分了。

水田的修復

　　開始從事自然農的場所，郊外山區的梯田是最容易獲得的。只是山區的梯田灌水灌不進去，或容易破個大洞，水管理的對策比較困難。在此說明其修復的方法。

· 如左圖在菜畦的邊緣有直徑1m、深1m左右的洞。

· 我有兩次的修復經驗。當時地主拿覆蓋菜畦用的塑膠膜埋入地下，試了一下，在某部分完全阻止漏水，但地下水流到其它地方再次造成漏水，所以很麻煩。可以引用我的修復經驗，如以下方法即可。

上層的田

大洞

菜畦

下層的田

①

用裝土的囊袋或黏土質的土，把水止住。

②

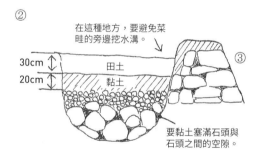

在這種地方，要避免菜畦的旁邊挖水溝。

30cm
20cm

田土

黏土

③

要黏土塞滿石頭與石頭之間的空隙。

❶首先把水止住。用裝土的囊袋或黏土質的土在洞口四周堆高使水不流入洞穴內。在一貴山我們的地方，偶而會看到以這種狀態放置到秋天的做法，但若是考慮到下雨時的情況，還是早些修復比較好。

❷其次從河川取得大、小石頭，以及準備黏土質的土壤。

　首先把黏土質的土壤放入洞穴內加水進去用腳踐踏使成黏糊狀，然後把大石頭丟進去，底部是大石頭其上是小石頭，放入黏土讓石頭和石頭之間沒有空隙。

　最上面放入黏土並加入少量的水用腳踐踏，使成黏糊狀，然後再踏實固定，其厚度約20cm。最後還要放約30cm厚的水田土壤。

❸土堤的畦若是快要崩塌時，直接把那部分削除掉，再堆砌石頭使它不會搖動。修復土堤，並不是一次就完成，等待天氣好的日子，塗上去的土壤乾了之後再重覆第二次的塗抹土壤。

——水稻的一生——

❶從土壤伸出白色的幼芽及根部（播種後一星期至10天）

❷剛好是在插秧前後（40～50天）着生葉片的地方有鬚，莖扁平強而有力。

❸開始分蘗，起初是兩旁各一支。若根部已活着的話就進入少年期的活動。

❹持續進行分蘗，在扇形的同一平面上，分蘗數持續增加，水稻從少年期進入青年期，在此之前各時期，均需顧慮周圍的草對水稻的影響。

❺現在從扇形到立體各方向去分蘗，也有一株可分蘗到40支的。中生種8月10日分蘗終了。但並不休息，莖的裡面有幼小稻穗形成了，開始作長出稻穗的準備。

❼完熟的稻穗、生長健康的稻子的姿態真的非常美麗。一粒稻種變成二千、三千、四千粒，成為我們的糧食。

❻開始長出稻穗，每天持續開花交配，孕育下一世代新生命的期間不可缺水，也不可以進去割草。交配時被妨礙就無法結實。

──秋天：收穫──

　　爽快晴朗的秋天，就快到了割稻的時候。是非常高興的工作，最後要關心的工作也不可怠忽的去完成。

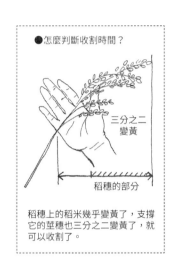

●怎麼判斷收割時間？

三分之二變黃

稻穗的部分

稻穗上的稻米幾乎變黃了，支撐它的莖穗也三分之二變黃了，就可以收割了。

- 首先選擇天氣好的日子。收割開始到把稻穗吊掛於晒稻穀的架子上要一氣呵成，即使量多時必須分為好幾天收割時，割下的稻子也必須於當天捆綁吊掛於晒稻穀的架子上。

- 割稻前一天若有下雨或當天早上有露水時，都必須讓風吹乾一個早上後，下午才能收割。

- 割下的稻子放在自己的左邊（從右邊到左邊）一方面把一把分（3～6株）的稻子堆疊起來，一方面往前割稻。不要勉強，依照自己身體的動作有效率的下工夫。

重疊後，將這個部分綁起來。

- 在此介紹川口先生的割稻方法，川口先生站立割稻，每次割3株（每次3行）往前割。稻株如圖一樣，扇形交互堆疊，每次2～3株，第一回、第二回、第三回的堆疊上去。

- 稻株有大、有小，大的稻株少數、小的稻株多數抓成為一把。

- 割下的稻株排放整齊對後續的作業比較容易，尤其要考慮作業人員的通道。

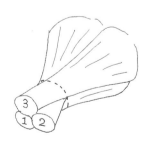

- 要留意不踏到稻穗。

- 割稻時，地面上會有一些雜草，混在一起割下不會影響到脫穀粒作業。也可以讓小孩子來幫忙。

· 割稻作業是一個人也可以完成的工作，假使有人手的話，可以請他做下列作業。用去年的稻草2～3支為一束（若沒有的話向其他農家要或者是買草繩代用），斜放在排列於地面的稻捆上面。

※ 稻草在農業作業上是很有用的產物。製作苗床時會用到，捆綁敏豆的支架時也會用到，今年收穫的稻草要留下一些明年使用。

稻穗捆綁的方法

各地區有種種的捆綁方法，在此介紹川口先生的方法。

· 首先拿起放在稻捆上面2～3支的稻草，如圖1，且面向稻捆，從上面用兩手抱着稻捆，拿起稻草繩返轉過來。

· 如圖2那樣，稻草繩的基部部分要留長一些，另外靠近稻穗的一邊緊緊的繞一圈。（此時，若沒有綁緊的話之後要吊掛晒乾時會鬆脫，脫穀粒時不方便作業）。

· 稻草繩的基部部分如圖3折回插入綁緊的環中。因為綁得很緊，此時用手指壓擠稻捆，造出一個間隙即可插進去，最後插進去的先端再次勒緊。完成以後，轉過來放置讓另一面晒太陽。

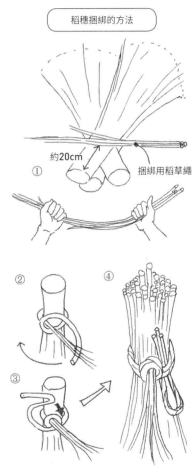

稻穗捆綁的方法

約20cm

① 捆綁用稻草繩

② ④

③

道具

【鐮刀】
也有左撇子用的。

【稻草繩】
有許多種寬度。適合捆綁稻穗的是，大約小拇哥寬（2分）的；捆綁曬稻穀用三腳架的則是，比它寬一點的（3分）比較適合。

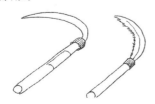

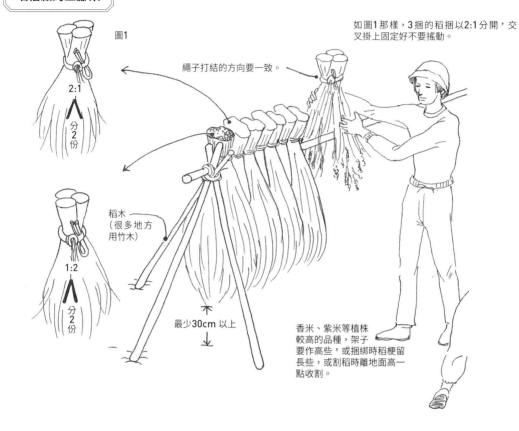

晒稻穀的三腳架

圖1

2:1
分2份

繩子打結的方向要一致。

如圖1那樣，3捆的稻捆以2:1分開，交叉掛上固定好不要搖動。

稻木
（很多地方用竹木）

1:2
分2份

最少30cm 以上

香米、紫米等植株較高的品種，架子要作高些，或捆綁時稻梗留長些，或割稻時離地面高一點收割。

稻穀披掛於晒稻穀的三腳架上，使之自然乾燥。其米飯比用機器烘乾的味道更好。

· 晒稻穀的期間依地區的不同而異，大約要二星期到一個月，在充分晒乾的期間稻米還會持續成熟。脫粒前若遇到下雨，則必須再晒2～3天。

· 乾燥的標準是，米粒透明（粳米），用牙齒咬看看有硬的感覺及清脆的聲音。初學者可以請教近鄰的農民。

· 披掛的工作結束後，在有小鳥會來的地方，在離稻穗約10 cm的高度處掛上一條繩子，小鳥怕翅膀被碰到就不會來了。

道具

【橫槌（木槌）】
容易手拿，較小型的。

【稻木】
插入地中的是比較粗的，削三面，讓它變尖銳。

長的比較好用，但要注意能支撐稻穗的重量。

1.8～2m

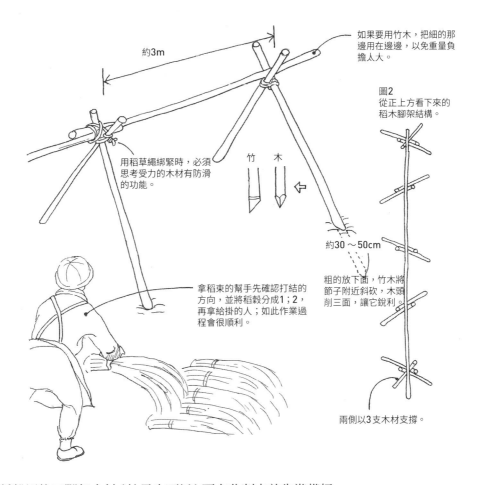

約3m

如果要用竹木，把細的那邊用在邊邊，以免重量負擔太大。

用稻草繩綁緊時，必須思考受力的木材有防滑的功能。

竹 木

圖2
從正上方看下來的稻木腳架結構。

約30～50cm

拿稻束的幫手先確認打結的方向，並將稻穀分成1；2，再拿給掛的人；如此作業過程會很順利。

粗的放下面，竹木將節子附近斜砍，木頭削三面，讓它銳利。

兩側以3支木材支撐。

· 晒稻穀用的三腳架木材（竹子也可以）要在收割之前先準備好。

· 收割結束之後，或者是收割的田裡有足夠空間放三角架之後就開始架設。用木槌將三腳架用的木材打入地下30～50 cm，即使遇到強風也不會被吹倒。披掛於晒稻穀的三腳架上的稻穗是非常重的。

· 三腳架用的木材如圖2那樣交替的成為「八」字組合起來。這樣一來對側面吹來的風也很強。間隔3～4 m，一分地的稻穀全部要晒的話約要40 m長。捆綁的方法，吊掛於三腳架用的時候要寬鬆些或緊湊些，當然依收量而異，我想各位自己會慢慢體會。

· 用繩子打結時並不是只有纏繞一下而已，處於下方受力的木材必須有防滑的功能，再繞一圈後才綁緊。

· 三腳架高的話雖然比較容易乾燥，但作業比較困難，因此要衡量容易作業的高度。同時需考慮植株較高的品種如香米、紫米等，可適度架高三腳架（譯註：植株較高，代表稻穗會垂下接近地面，如此比較容易被地上的動物吃）。

充分自然乾燥之後，就要進入脫穀的作業。現在是以聯合收穫為主流，若只需要自給自足的量，不使用動力而使用腳踏脫穀機，也可以有意想不到的效果。

· 腳踏脫穀機通常都是被放置在農家倉庫的最裡面。到熟識的農家商量也許可以要得到，或者是在大型垃圾丟棄日去垃圾場尋找也許可以找得到。（福岡學習園區的腳踏脫穀機就是人家丟棄撿回來修理的。）

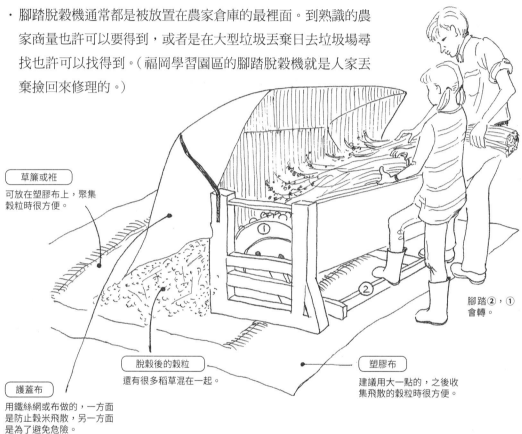

草簾或衽
可放在塑膠布上，聚集穀粒時很方便。

脫穀後的穀粒
還有很多稻草混在一起。

護蓋布
用鐵絲網或布做的，一方面是防止穀米飛散，另一方面是為了避免危險。

腳踏②，①會轉。

塑膠布
建議用大一點的，之後收集飛散的穀粒時很方便。

過篩穀粒

· 腳踏脫穀機是圓筒的，筒面分佈著用粗的鐵絲作成的掛鉤，當迴轉時可以把穀粒從稻穗上脫落下來。腳踩著踏板使機器迴轉，手裡拿著稻穗放上去，這是連小孩子也會作的輕鬆快樂的工作。

· 脫穀後的穀子裡面還是會有很多稻草，放入鼓風機風選之前，要用大網目的篩子過篩，以除去稻草。這時稻穀就可以裝袋了。

較大的稻草會留下來

大網目的竹製篩子

較小的稻草與穀粒會掉下來

鼓風機

鼓風機和其他機械一樣各地區有不同的類型。下面所記錄的是一貴山地區的農家所用的類型，福岡大多是這種類型。

· 旋轉鼓風機的葉片送風時，會吹去輕的稻草、灰塵。擺置時要顧慮到風向。

①曾用篩子篩過的稻穀。
②握把旋轉時葉片轉動送風。
③調節穀粒掉落之洞口的大小。
④第一個出口掉落的是不被風吹走的穀粒。
　（用竹簍來接）
⑤第二個出口掉落的是不飽滿的穀粒和秕子
　（空心的種子）。（可以再鼓風一次）
⑥秕子和稻草碎屑被吹掉。

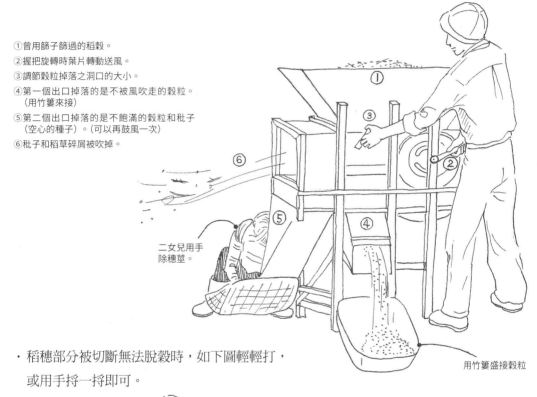

二女兒用手
除穗莖。

用竹簍盛接穀粒

· 稻穗部分被切斷無法脫穀時，如下圖輕輕打，
　或用手捋一捋即可。

新　米

· 鼓風機一年才使用幾次而已，和脫穀機一樣，使用
　後的清掃要徹底，穀類的殘餘物是老鼠和害蟲最喜
　好的東西。
· 所有的工作完成後裝袋，記下重量。這是每年一次
　最重要的記載。可以放在袋內保存，若擔心蟲害和
　鼠害，可以放入鍍錫鐵的罐內長時間保存。

包裝時，如果有大漏斗會很方
便；這是喇叭的廢物利用。

調製

❶礱穀機

放入穀粒

糙米出來

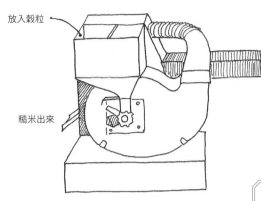

❷脫穀殼搗米機

放入糙米依您喜歡的程度搗過的米會出來。

❸碾米機（家庭用）

倒入糙米

倒入穀粒後，胚芽米～白米會出來。

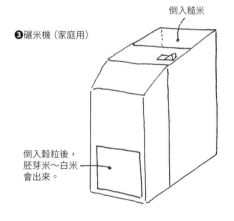

❹貯存罐

穀粒到入口

空氣孔

穀粒放入口

空氣孔

取出口

蓋子

空氣孔

蓋子

確保稻種

　　不可忘記要預先選取、留下明年要用的稻種。收割的時候最好是選擇生長健康的稻株另外收割，若要從脫粒的穀粒中選擇的話，從鼓風機的第一個掉落口掉落的穀粒選擇。

❶當穀粒通過礱穀機之後就可以得到糙米。紅米、黑米等，是製成糙米很漂亮的品種。

❷礱穀碾米機是礱穀和碾米同時完成的機械，須緩慢且循環使用。因此，要碾成糙米和接近於糙米的白米是不可能的。

❸是精簡型家庭用的碾米機，少量碾米是很方便的，但必須要有一台❶的礱穀機。

❹保存一年分米（穀粒的狀態）的儲藏用鍍錫鐵罐。儲藏到三月為止，其空氣孔要打開，進入四月就要關閉。

穀粒 ⇒ 糙米 ⇒ 3分白 ⇒ 5分白 ⇒ 7分白 ⇒ 白米

不投入、不取出是自然農的原則，因此要把稻草歸還稻田。

· 把明年製作苗床和收割時要用到的稻
　草量預留起來。剩下的全部歸還稻
　田，不需切斷，不規則的散佈即可。

播種麥子

· 割稻前後開始，稻田裡
　可以種麥，一分地約需
　種子12公斤。
　1升 → 約1.5kg
　8升 → 12kg

A 割稻之前播種

　水田的水大約在稻穗出齊後灌水維持一個月到 40 天，之後當水田的水排出，經過數
天就可以灑播麥的種子。麥的種子在水稻收割時被踩到也沒關係。田裡若有雜草，收
割時一併割除。水稻收割後麥子已經發芽了，因此就不必設防治鳥啄的措施。

B 水稻收割後播種

　麥的播種可以播到11月底（過晚會影響到隔年的水稻插秧）。
　雜草很多時，撒播後割除雜草覆蓋於其上。雜草不高時，播種後用棒子打一打使種子
掉落地面。
　除了撒播，也可以稍微削去土壤，而後條播。

C 麥的種類　小麥　　　　　　　大麥　　　　　裸麥　　　　　黑麥
　　　　　　　· 農林1號（中筋）　· 麥茶、味噌　· 與米飯一起煮　· 麵包
　　　　　　　· Kounosu 25號（高筋）
　　　　　　　· 白金（低筋）等

　　　　　　※每個品種麩質的含量都不同。

──麥：在同一塊稻田種麥子──

水稻收割後，相同的這一塊田可以種植麥子。麥子是從冬天到春天生長，大約在初夏收穫後，將殘株堆積於水田有利於水稻生長，是非常好的作物。

水田種水稻後再種植麥子時，麥子的收穫期和稻的插秧時期很接近，在作業的安排上必須顧慮到麥子的品種。麥子可以加工做成許多食品，是可以享受很豐富的飲食樂趣。

關於品種

○小麥（原產於中亞細亞高加索地區）

　麵包、麵條、餅乾、油炸皮等。

・分為硬質（含有玻璃片狀的結晶）和軟質

・從麩質含量的多寡分為高筋、中筋、低筋

○大麥（原產於中國內陸、中亞）

```
┌ 皮麥 ───── 六條種
│ （譯註：帶          麥茶、押麥、麥飯
│  殼／殼不易
│  剝的品種）  └ 二條種（啤酒麥）
│                 啤酒的原料、味噌醬油的原料
│
└ 裸麥 ───── 六條種
                 押麥、味噌、麥粉
              └ 二條種
                 日本幾乎沒有育成
```

○黑麥（原產於西亞）

　麥子當中耐寒性最強

・黑麵包的原料

・威士忌、伏特加的原料

○燕麥（原產於高加索、中國、北非、歐洲等各品種）

・食用燕麥片

・也常用於飼料

麥穗的形狀與品種

小麥穗

裸麥穗

大麥穗

啤酒麥穗

黑麥穗

燕麥穗

圖片引自《轉作全書・第一卷：麥》出版：農文協。

關於性質

　　要栽培麥子必須先瞭解它的性質。麥子是喜好乾旱的旱田作物。自然農的水田，在製作田畝時每隔約4m要挖一條溝渠，就是為了栽培麥了時，利於排水。

　　麥子是喜好陽光的作物，撒播在草中的麥子發芽、結實都良好。條播也很好，條播時可以像水稻一樣收割後脫粒，撒播時可以割下麥穗用木棍敲打脫粒。

——麥子的培育——

❶種子的準備

　　和水稻不同，像糙米的玄麥（沒有芒和穎的狀態）可以當作種子。

種子的用量

・全面撒播時，一分地12公斤
・條播時（種植間隔為50cm左右）一分地3～4公斤

❷播種：

（全面撒播時）

在收割水稻之前播種

・水田的水大約在稻穗出齊後灌水維持一個月到40天，到了這時就必停止灌水。日後若下雨，用木板調整溝渠內的水只有一半的儲水分。
・從10月到11月水稻要收割的半個月前撒播於稻田，但會依品種不同而有差別。田裡有適當的濕度時播種發芽良好。水稻收割時麥已經發芽3～4cm了，因此就不必設防治鳥啄的措施。

在收割水稻之後播種

・麥的播種可到11月底。但考慮到品種和地區的插秧時期，不要太遲播種是很重要的。
・觀察雜草的生長型態，蔓藤伸展的救荒野豌豆、小巢菜，或在土壤表面有網絡狀擴散的草均必須管理。救荒野豌豆等野草，在撒播後要全面割除，割下的草平均覆蓋於地面。
・宿根草的話，用鐮刀插入地下拔出一點草，處理完畢後撒播種子。然後用木棒輕輕敲打使種子掉落地面。

條播時

· 條播時利用割稻後的稻株痕跡，就不必牽引繩子了。
· 用鋤頭或鐮刀削去表土約2 cm的深度。
· 在播種溝裡面疏鬆的播下種子，不要播過密。
· 疏鬆的蓋上削下的表土及割下的雜草，但不要蓋太厚，
  因為麥子是好光性。

(稻株)

❸雜草的對應

　　麥是冬天的草，也有和麥子一樣屬於冬天的雜草，到了春天他們一起生長。如會纏繞在麥莖上之野豌豆，要在尚未纏繞之前將之鏟除，這是條播情況才辦得到的。若是撒播，只好任由雜草生長直到收割，所以在播種之前，要仔細觀察田裡冬天雜草的發芽狀況。收割水稻之前撒播，或是收割後先除草後播種，或者是播種後才除草等三種方法，均可以依個人需求選擇。

❹收穫

　　麥子整體着色再轉成白茶色，用牙齒咬麥粒有清脆的聲音時即可收割，即使沒有清脆的聲音，因為插秧或擔心天氣狀況，也可以先收割再乾燥。條播種植的和水稻的收割方法一樣。撒播的就用手抓着5～6支麥穗用鐮刀割下，如右圖那樣用木棍敲打就成為玄麥。玄麥以這個方法就可以輕鬆的得到，最後用鼓風機吹去麥草。

❺保存

完全乾燥是很重要的事，放在蓆子上直接曝曬日光。用牙齒咬麥粒有清脆的聲音斷開時就可以放心儲存了。放入儲藏穀物用的密閉罐內，必要時製成麵粉。

❻製成麵粉

小麥粉可以加工成為各種食品，也是每天餐桌上不可或缺的。

要使用麵粉時才製作，每次研磨需要的分量，這樣香氣好、味道佳。製作麵粉的工具：

①有些碾米廠有磨粉機，可收費幫我們磨成粉。

②在臼裡磨粉，或搗粉。

③家庭用小型磨粉機也可以用。

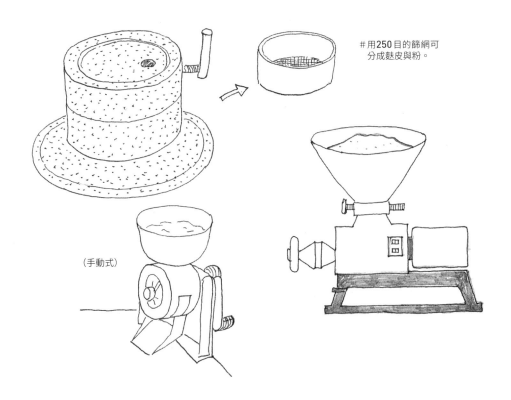

＃用250目的篩網可分成麩皮與粉。

（手動式）

❼關於高筋、中筋、低筋

小麥製成的粉，裡面混雜有麩皮，這叫做全麥麵粉。全麥麵粉營養價值比較高，製作麵包和做料理時可以直接使用，想要精白時用250目的篩網過濾，把麩皮和粉分開。

依麩質含量的差異可以分為高筋、中筋、低筋。日本國產的小麥幾乎都是中筋、低筋粉。這是因為日本的麥收穫期正好是梅雨季，麩質的含量遇到雨會降低，製麵包用的高筋主要是北海道產的。有關日本國產小麥的品種，請參考附表。小麥是在日本從4～5世紀流傳下來的作物，到現在全國都有栽培，想必一定是適合於各地的品種。

日本國產小麥麩質含量表

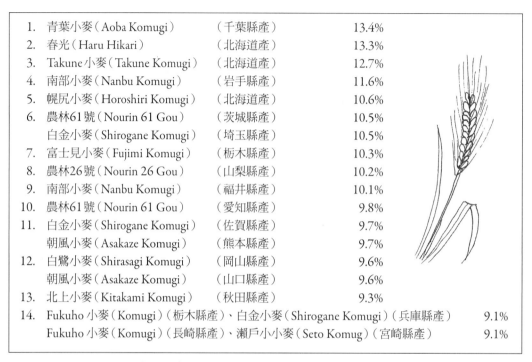

1.	青葉小麥（Aoba Komugi）	（千葉縣產）	13.4%
2.	春光（Haru Hikari）	（北海道產）	13.3%
3.	Takune 小麥（Takune Komugi）	（北海道產）	12.7%
4.	南部小麥（Nanbu Komugi）	（岩手縣產）	11.6%
5.	幌尻小麥（Horoshiri Komugi）	（北海道產）	10.6%
6.	農林61號（Nourin 61 Gou）	（茨城縣產）	10.5%
	白金小麥（Shirogane Komugi）	（埼玉縣產）	10.5%
7.	富士見小麥（Fujimi Komugi）	（栃木縣產）	10.3%
8.	農林26號（Nourin 26 Gou）	（山梨縣產）	10.2%
9.	南部小麥（Nanbu Komugi）	（福井縣產）	10.1%
10.	農林61號（Nourin 61 Gou）	（愛知縣產）	9.8%
11.	白金小麥（Shirogane Komugi）	（佐賀縣產）	9.7%
	朝風小麥（Asakaze Komugi）	（熊本縣產）	9.7%
12.	白鷺小麥（Shirasagi Komugi）	（岡山縣產）	9.6%
	朝風小麥（Asakaze Komugi）	（山口縣產）	9.6%
13.	北上小麥（Kitakami Komugi）	（秋田縣產）	9.3%
14.	Fukuho 小麥（Komugi）（栃木縣產）、白金小麥（Shirogane Komugi）（兵庫縣產）		9.1%
	Fukuho 小麥（Komugi）（長崎縣產）、瀨戶小小麥（Seto Komug）（宮崎縣產）		9.1%

※以上資料摘自農文協《用國產小麥烤麵包》

上面的資料有點舊，現在高筋麵粉有：春豐（Haruyutaka）、鴻之巢25號、農林42號；中筋的則有：Chihoku 小麥、北進（Hokushin）、筑後泉（Chikugo Izumi）等；各品種依用途，進行品種改良。

高筋麵粉	麩質含量	10.5~13.0%	麵包、麩
中筋麵粉	麩質含量	7.5~10.5%	麵類、和菓子
低筋麵粉	麩質含量	6.5%~9.0%	糕點、天婦羅

麩質的含量依品種而異，那是天生的，但種同一品種也會依據種植的地方之氣候、風土而不一樣。如果您想知道自己種的麥之麩質含量，可以試試以下的方式。

‧怎麼計算麩質含量？

①準備20g的小麥粉，加12cc的水，充分揉合。

②將①做成球狀，在大碗裡的水中再揉一揉，捏出澱粉。

③一直重複繼續②的過程，水會變白，手指上留下來彷彿口香糖的東西，即「濕麩」。

④全部的澱粉流出來了，水再也不會變白了，將水瀝乾，秤重量。

⑤麩質的重量等於濕麩的約三分之一。

※將濕麩燙一下變成生麩，可以試試看。

——陸稻——

有些地方稱為旱稻或旱田稻，目前被水稻擠壓，栽培的地方非常稀少。做自然農時，在不容易灌溉的山區或旱地可以栽培陸稻。今後，想要種植的人也想必很多。在此把栽培上和水稻的差異與需留意的地方歸納說明如下。

【品種】 若探尋稻子的栽培歷史，以往似乎都是水陸兩用的未分化品種，現在被栽培的稻子，在長久歷史演變中幾乎已分開為水稻和陸稻。陸稻的品種即使在現在也出乎意料的多，它最大的特性就是耐乾旱。和水稻一樣從極早生到晚生都有，與水稻比較，整體上其生長期比較短。

> 極早生 …栽培於東北中部到北海道一部分。低溫時發芽和成熟都很好，生長日數最少。農林22號（粳）、畑穗波（Hatahonami）（粳）、岩手畑（Iwate Hata）（糯）、童畑糯（Warabe Hata Mochi）等

> 早生 …東北南部到關東的沿着山地，或者關東以南的早期栽培上比較適合。低溫的發芽和冷涼時成熟都很好。大住（Ōsumi）（粳）、畑恵（Hatamegumi）（粳）、那須黃金（Nasu Kogane）（粳）、八朔糯（Hassaku Mochi）等

> 中生 …關東地方的沿着山地到南九州的早期栽培適應地區最廣。耐乾旱性最被看好。農林4號（粳）、畑実糯（Hataminori Mochi）、畑総糯（Hatafusa Mochi）、絹畑糯（Kinuhata Mochi）等

> 中晚生、晚生 …關東地方的平坦部直到西日本、九州的平坦部之普通栽培上都適合。耐乾旱性極佳。農林21號（粳）（Nourin 21 Gou）、畑絹糯（Hatakinu Mochi）、畑黃金糯（Hatakogane Mochi）、畑紫（粳）（Hata Murasaki）、Tachino Minori（粳）、筑波畑糯（Tsukuba Hata Mochi）、南畑糯（Minami Hata Mochi）、夢畑糯（Yumeno Hata Mochi）等。

〔陸稻的下種時間〕

月\地域	4月 上	4月 中	4月 下	5月 上	5月 中	5月 下	6月 上	6月 中	6月 下
東 北	■■■■■■■■■■■■■■■■								
關 東		■■■■■■■■■■■■■■							
東海・近畿		■■■■■■■■■■■■■■■■							
九 州		■■■■■■■■■■■■■■							

最早 ■■■■■■ 最晚

從下種到插秧

自然農種陸稻也和水稻一樣要做旱田狀態的苗床，然後移植。其方法在「春天：下種」一節已經詳述，是完全相同的方法與思考。

這次看了陸稻的資料，現在被稱為陸稻的普通栽培的方法是直播，和小麥的條播一樣方法進行。陸稻的性質不像水稻一樣有許多分蘖，考慮到移植時會遇到乾旱，也許直播的方法也是值得考慮的。

❶直播法

　　割除種子播種寬度的草，削除表土，稀疏的播下種子。發芽後過密的地方加以拔除，30 cm的間隔約4～5株即可。以後的栽培管理和移植法相同即可。

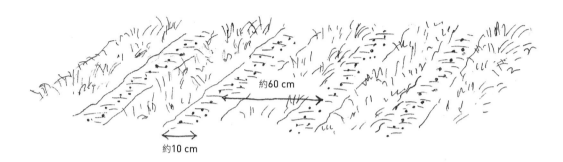

約60 cm

約10 cm

❷移植法（插秧）

約20 cm

也可以雙株一起種

- 據說在分蘗、生長、收成量各方面這個方法較好。
- 方法和水稻的情況完全相同。水稻的情況是必須把水引進田裡，是用水來控制雜草。陸稻的情況是，無法用水來壓制雜草的勢力，在這點必須費點心思。在陸稻田的雜草，在插秧時就必須看清楚其性質，對於宿根性的雜草要用鐮刀伸入地下將其鏟除，或可能需要考慮用手將其拔除。
- 並不是說陸稻就不需要水。和蔬菜一樣，移植後下雨對於生存是有幫助的，抽穗時也必須有某程度的降雨。假使遇到乾旱，那時就要引水進入田裡，若無法引水則必須灌水。其要領是，一次灌很多水，灌1～2次就好，而不是時常少量灌水。
- 其後夏天雜草的管理、割稻、脫粒等，和水稻完全相同。

第三章

蔬菜栽培

──蔬菜栽培──

米對於日本人是不可或缺的主食，同樣的各個季節吃的蔬菜也是每天餐桌上不可缺少的。和水稻相同，不要耕耘、不和草與蟲為敵、不用肥料也可以栽培蔬菜。

概念基本上是和水稻一樣的，只是經營生命的舞台是旱田，這和引水進入水田不同的是不容易形成「遺骸之層」，又無法用水壓制草，因此在作物生長的過程中，要比水稻更為細心的照顧及給予適當的幫助。在被照顧、在自然的狀況下，健康生長的蔬菜，味道非常好，蘿蔔是蘿蔔本來的味道，番茄是番茄本來的味道，都成為我們生命的糧食。（譯註：「遺骸之層」是自然農用語。在自然農的田裡，枯草一層一層形成含有豐富生命的土層，川口先生將這親愛的枯草比喻成遺骸（屍體），這些死體完成它的生命後，還會身為大自然的一部分，扮演新的角色，並幫助新的生命之成長。）

生命豐富的種種蔬菜栽培，在個別土地上經過長期栽培，均有其歷史背景，在此介紹的僅是最基本的，大家應該多了解個別的氣候和風土，再加上智慧而成為自己的東西。

下種的方法

【撒播】

①適合撒播的主要是葉菜類或如紅蘿蔔那樣，幼小時在群體中互相競爭會長得更好。田畝的草割除後，薄薄的削去表土，這樣可以除去各種草的種子。蔬菜種子大體上比較小，如此做會比較好照顧。

· 適合直播的有小松菜、紅蘿蔔、小蕪青、青江菜、紅菜苔、塔菜、茼蒿、菠菜等。
· 適合栽培苗移植的有洋蔥、甘藍、青花菜、花椰菜、蔥、茄子、甜椒、番茄等。

②將田畝上面整平（用木板或用圓鍬的背拍面打）。若有溝蕎麥和艾草等地下莖縱橫伸展的地方，在最初製作田畝時就將之拔除也可以，但一般伸出到地面的草只要反覆的將之割除，很快的其勢力就會衰退。

關於種子

現在，關於種子的狀況是，所謂的
F1，下一代和親本不同，或者是遺傳基
因改造、種子消毒等種種問題被提出來。

種子本來就是生命。在沒有經過耕耘的
健康的地方，種子會以最佳的方式保全其
生命，下一代的生命之種子，也會成為最
健康的東西。

留意自家採種，確保充滿地區性豐富的
種子是非常重要的。

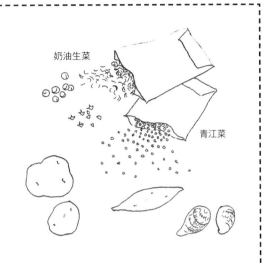

奶油生菜

青江菜

③把種子平均的、不要
過密的撒播。

④將土先過篩（用篩子較快）後，再用手搓揉
成細粉狀，這些土不能混有草的種子，將其
覆蓋在種子上，考慮到種子的大小，覆蓋厚
度約2～5 mm。

⑤如圖②那樣，把覆蓋在種子上面的土再次壓
一壓，這樣一來比鬆散時更能防止乾燥。

⑥最後，薄薄的覆蓋上一層整地的時候割下的
枯草或青草，可以防止乾燥。
自然農的操作，不是很乾燥的情況不必灌
水。種子發芽後，必要時可以除去覆蓋在種
子上面的草。

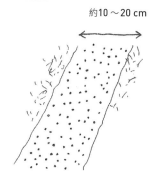

約10～20 cm

約5 cm

約5 cm

可視為在10～20 cm寬度內的撒播。操作方式和撒播一樣。在一個田畝的中央1株或兩側2株，然後在有空間的地方種植下列果菜類的苗。

・結球萵苣
・野澤菜
・紅菜苔
・小松菜
・菠菜
・高菜　等

・如右圖那樣使用割草的鐮刀，也可以使用圓鍬操作。覆蓋土和草的要領與撒播相同。

把細小的種子下種成條狀。只有在5cm寬的範圍內用鐮刀把草削除掉，種子下種成1條。

發芽過於密集時，少量的加以疏苗採下來食用。

・小蘿蔔　・結球萵苣
・白菜　　・紅蘿蔔
・小蕪青　・菠菜
・日野菜　・胡麻
・牛蒡　等

點播和條播複合的下種方法，因為只有在下種範圍內先用鐮刀把草削除掉，和條播一樣不費工，約3～5 cm播一粒種子，稍微大粒一些的種子較適合。

本方式效率很好，因為作業時可以一邊拉開草叢，一邊削除必要的部分。

・蘿蔔
・蕪青
・玉米
・縞網麻　等

田畝

田畝和田畝之間的通道也要和田畝一樣，不要讓土壤裸露。

田畝

點播

· 種子比較大型的，如夏天的果菜類（茄子、甜椒、胡瓜、黃秋葵、西瓜、南瓜）、豆類等，因為地上部分大而茂盛，要保持適當的間隔播下種子。此時依各別的特性（據說黃秋葵單種1株不容易栽培）或考慮有時候蟲會吃掉幼苗，一處下種3～6粒種子。

· 茄子	· 甜椒	· 秋葵	· 番茄
· 胡瓜	· 不辣的辣椒	· 南瓜	· 西瓜
· 瓜	· 南瓜	· 苦瓜	· 辣椒
· 敏豆	· 豌豆	· 豌豆莢	· 落花生
· 黃豆	· 蠶豆	· 白蘿蔔	· 玉米
· 白菜	· 蔓紫	· 縞網麻等。	

其他

種子和種子之間的間隔以及種子的數量，依蔬菜的不同而異。

· 剩下一點點的種子只是隨便的撒播在並不是田畝的地方，時常會比仔細下種的地方發芽率高。只是隨便的播下種子就能夠長出作物真是太高興也太感謝了。適當的選擇場所，用這個意外的方法可以做得很好的種類有小蕪青、小松菜、青江菜、紅菜苔等。

· 薯類和生薑都是利用食用部分種植的。如甘薯是用種甘薯使其長出許多甘薯蔓藤，然後切下蔓藤插入土裡。

· 又有些是先培育苗然後移植比較好的如洋蔥、蔥、高麗菜、青花菜、花椰菜等。以下把各別蔬菜的栽培方法拿出來討論。

農耕用具

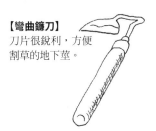

【彎曲鐮刀】
刀片很銳利，方便割草的地下莖。

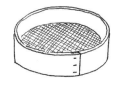

【篩子】
下種後的覆土用。篩孔尺寸約5mm左右即可。

【打平板】
做稻米的苗床或蔬菜下種時使用的用具，將土的表面打平。

小松菜

（十字花科）

原產中國及日本，原生種的蕪青分化而來的，最老的醃菜用青菜。

種子

1	2	3	4	5	6	7	8	9	10	11	12

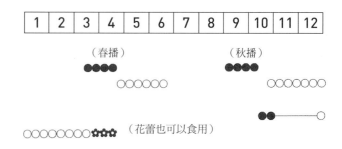

（春播）　　　　　　　　　　　（秋播）
●●●●　　　　　　　　　　　●●●●
　　　○○○○○○○　　　　　　　○○○○○○○
　　　　　　　　　　　　　　　　●●————————○
○○○○○○○○○✿✿✿　（花蕾也可以食用）

品種 有許多別名，依地區的不同有許多稱呼。自古即有的原生葉菜。明治四年前後，在東京的江戶川區小松川町被廣泛的栽培，因此稱為小松菜。有圓葉、長葉的，品種有東京小松菜、卯月、御席晚生、武州寒菜、信夫菜、女池菜、大崎菜等。

性質 不選擇土壤，耐寒又耐熱，是非常好栽培的葉菜類。發芽力很強，種子不要播得太密。若不要懶於的疏苗的話，即使無肥料也可以栽培得很好。據說綠葉的營養價值很高，涼拌菜、醃漬、炒菜等都很適合。連作也可以。

■下種

· 春天和秋天一年可種植兩次：春天下種已發芽後，不會受到3月中旬以後晚霜的霜害，但在寒冷的地區還要再延遲一些。

· 疏苗的菜也隨時可以食用，所以條播要寬一些，有90 cm寬的菜畦可播2條。

· 若間隔半個月分為2次下種，採收期就可以拉長。

■發芽

· 下種的寬度15cm左右，只有在這寬度內才把草割除，削去表土，用手掌輕壓整地後下種。

· 密集一些可以互相支持生長良好，太過密集時疏苗就成為很繁重的工作。經過幾次種植，或其他作物的下種經驗，就能以適當的密度下種。

· 下種之後，選擇不要混有草的種子的土壤來覆蓋，輕輕壓一下再覆蓋一些取自於周邊的草。溫度適合的話3～4天就發芽了。

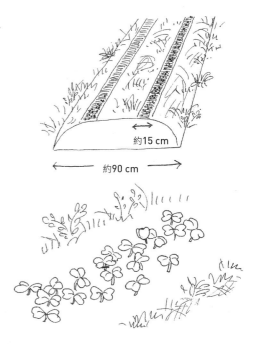

約15 cm

約90 cm

■ 疏苗

· 發芽後過了10天，有1～2片葉。密集一
  些雖可以互相支持生長良好，太過密集互
  相重疊時則需要疏苗。

· 再經過20天有4～5片葉，疏苗的葉片已
  完全可以吃了。從混雜在一起大的植株開
  始疏拔即可。

· 疏拔時，小松菜的根部有許多鬚根，拔出
  時會附有許多土壤，因此會妨礙留下來的
  植株的生長。所以可用剪刀剪，或是用小
  鐮刀從植株的底部割下。

發芽後第10天左右

發芽後第20天左右

■ 採收

· 小松菜是小型的葉菜，柔軟又美味，請注
  意不要錯過最好的採收期。採收是如同
  疏苗一樣從植株大的開始收割，如果要保
  存，用濕報紙包裹立起來放。

· 在3月花蕾也可以採摘來吃。

■ 採種

· 小松菜是十字花科，和其他的十字花科作
  物(白菜、山東菜、紅菜苔等)很容易雜
  交，因此採種要離開非常遠的地方栽培。

· 秋天下種的健康植株留下來到翌年5～6
  月，有結種子時，待其莢轉變成淺褐色、
  乾枯時割下整株，敲打、搓揉取出種子。
  然後加以乾燥後保存於瓶子或袋子。

花蕾

葉菜類

菠菜
（莧科）

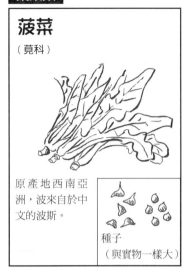

原產地西南亞洲，波來自於中文的波斯。

種子
（與實物一樣大）

1	2	3	4	5	6	7	8	9	10	11	12

（春播）●●●●——○○○○

○○○○○○   （秋播）●●●●●●●●○○○○○○

品種 大略來分，有東洋種和西洋種。東洋種的葉片有尖角，種子也有尖角而且堅硬，不耐熱，夏天不能栽培，冬天的甘味濃。西洋種葉片圓味道平平，夏天也有可以栽種的品種。

性質 據說菠菜在酸性土壤不容易栽種，但自然農不拘泥於土壤的酸、鹼性，地力佳的話即可。雖然小型但生命的樣貌是相同的。在日照良好，不太乾燥的地方可以長得很好。

■下種

· 菠菜是大型的種子但種皮很硬，很容易下種。可以隨心所欲的去撒播或條播。

· 發芽時喜好適度的濕氣，因此在沒有下雨乾燥的土壤，下種時要充分的澆水。下種前可以把種子浸泡在水裡一個晚上。

· 覆蓋厚一些土(種子的2～3倍)確實的壓平，不要忘記覆蓋草。

較寬的條撒

撒播在整個田畦

■發芽

· 菠菜發芽大約要一個星期，依條件的不同有時候會有不均勻的情況發生。

· 子葉和紅蘿蔔很相像，稍微大一些，細長形。

· 發芽後當本葉有2～3葉片時，外側的子葉變成黃色有時不再長大。這種情形在「遺骸之層」豐富的地方不太會發生，但在地力不足的情況下容易發生，需在幼苗4～5cm時薄薄的撒一層米糠於田畦上。但不要撒過多。

米糠容易腐朽可以很快補充營養分。

■疏苗

· 菠菜是直根性的,根部會意想不到伸展到
  很深的地方,疏苗時要注意周圍的植株。
  用一隻手壓住地面使不要太鬆動到土壤拔
  出幼苗,或是用鐮刀的先端割取。

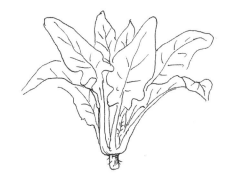

■採收

· 在自然農的情況下,在地力還不夠的田
  裡,時而還沒有長大之前就抽苔,一方面
  疏苗同時不要錯失採收時期。
· 菠菜每次遇到寒流,味道會更好吃。
· 採收時,與其用拔的不如用鐮刀插入根部
  割取才不會動搖到土壤。
· 留下幾株姿態好健康的植株作為採種用。

■採種

· 菠菜有雄性株和雌性株,如此在採種時,有的植株採
  到許多種子有的是完全採不到。這是雄性株和雌性株
  的差別。
· 植株在莖、種子的地方由綠色變成黃色再轉成淺褐
  色,呈現乾枯的狀態時採種。連續好天氣的時候,由
  菠菜的莖切割取下放在竹簍裡,經過數天使之乾燥。
· 用木棒敲打使種子落下,除去雜質只留下種子保存。
· 讓種子完全乾燥是很重要的,乾燥以後再用紙袋保存
  即可。

■保存

· 最好只收割要吃的分量。
· 若要保存時,用報紙包裹直立放在0〜5ºC的地方。
· 葉菜類直立放比平放好。植物的習性是平放時會想要
  立起來而消費能源,使美味和新鮮度都消耗掉。
· 採收過多時可以川燙一下與義大利麵攪拌,風味會非
  常好。

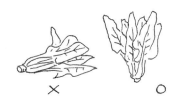

茼蒿

（菊科）

原產地中海沿岸，但在歐美並未利用。田畝寬度約 1m。

種子

| 1 | 2 | 3 | 4 | 5 | 6 | 7 | 8 | 9 | 10 | 11 | 12 |

（春播）●●●●●────○○○

（秋播）●●●────○○○○○○○

品種 以葉子的形狀和樣子來區分，有大葉種、中葉種、小葉種，耐熱也耐寒的中葉種最常被栽培。有極中葉春菊、株張中葉春菊、筆春菊、里豐等品種。

性質 春天和秋天都可以下種，但春天下種的容易抽蕊，秋天下種的比較容易栽培。喜好涼爽，有獨特的風味，幾乎不會受到昆蟲的危害，但秋天下種過於遲延的話會遇到霜害，生長不良。

隨着生長的進展，隨時可以採摘葉片，可以持續享受採收的樂趣。據說種子可保持四年的發芽力，在發芽時是好光性的。也可以育苗後移植。

■下種

· 茼蒿的種子好光性，下種後若遇到下雨，種子被雨水打溼後，有時發芽會不整齊。下種時必須稍微留意一下。

· 要選擇日照充足、排水良好的地方，1m寬的菜畦可播2條，比這還窄的話播1條。

· 在想要下種的地方牽引一條繩子，割除約10cm寬的草，用圓鍬稍微削去表土，表面整理後用手掌輕輕的壓平。

· 考慮到茼蒿的發芽特性，據說適當的濕度是有必要的，但是卻很怕遇到下雨。因此下雨後的潮濕土壤是最適合的。

· 可稍微多播一些種子，用周圍的枯草來覆蓋。

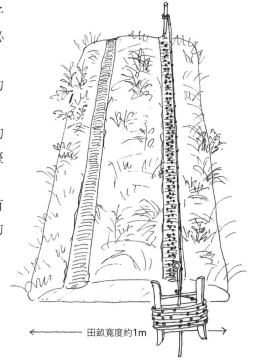

←──── 田畝寬度約1m ────→

■ **發芽和疏苗**

· 在適當的溫度下約5天就會發芽。開始
　發芽後除去上面覆蓋的草。若覆蓋的草
　量不多，從草的空隙發芽出來，而沒有
　徒長的疑慮時就不必除去覆蓋的草。
· 鋸齒狀的葉子有2片長出來時要稍微疏
　苗。疏苗時，空出相鄰植株葉片的間
　隔，使其不會互相重疊。疏苗時動搖到
　土會影響其它的植株時，要用剪刀等來
　切割。

■ **生長**

· 疏苗時拔出的幼苗也可以移植。下種時
　在菜畦的一邊下種，另一邊用來當作疏
　苗時拔出的幼苗的移植之用，也是一種
　方式。移植時不要切斷根部，小心的將
　之拔出。
· 最後其株距為15～20cm。

■ **採收**

· 採收是在植株大一些時，從中心摘下，
　之後接續長出來的腋芽可適當的採摘。
· 如此採摘的話，直到花芽抽出來為止，
　都可以持續採收。

■ **採種**

· 茼蒿，正如它在關西被稱為菊花菜那
　樣，開黃色的菊花。有濃淡兩色的花
　瓣，非常漂亮。
· 花枯萎變黑、乾燥的狀態時，將之拆散
　取出擠得滿滿的種子，吹去雜質，只留
　種子，然後曬太陽使之乾燥後保存於瓶
　子。

花是鮮豔的黃色

2001

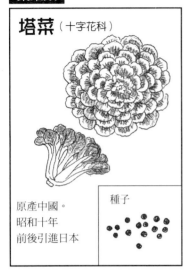

塔菜（十字花科）

原產中國。
昭和十年
前後引進日本

種子

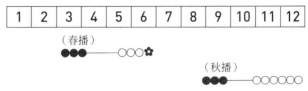

1	2	3	4	5	6	7	8	9	10	11	12

（春播）
●●●───○○○✿

（秋播）
●●●───○○○○○

花蕾的採收
○○○○○○○✿✿✿

品種 與青江菜、白菜等一起從中國引進日本，品種的分化幾乎沒有。只有綠彩1號(立性)、綠彩2號(開張性)。

性質 葉片的綠色非常濃而且沒有特殊味道，是非常好吃的蔬菜。既耐熱也耐寒，是非常容易栽培的蔬菜，嚴寒時趴下在地面(如同玫瑰花那樣)張開，移植時若維持適當的間隔可以長成20cm以上的植株。

■下種

・種子和其他十字花科葉菜類一樣非常小。

・需要出貨的情況，製作苗床移植時植株會長很大，疏苗拔下的菜也隨時可以食用等原因，在此要作寬度比較寬的條播(約15cm)，一部分可作為移植用。

・選擇日照、排水良好的地點製作寬90～120cm的菜畦，如右圖那樣，在菜畦的一側準備一條稍微寬一些(約15cm)的條播床。

・把草割除後用圓鍬稍微削去表土，用手掌輕輕的壓平，整理表面後下種。

・要留意不可播過密，否則日後疏苗很麻煩。

以後移植的地方

約15 cm

90～120 cm

■發芽

・覆蓋土壤於種子上，在將要埋沒的程度時，再次輕壓，取用周圍的枯草來覆蓋。

・3～4天後發芽。如果子葉太小，要輕輕的拔除旁邊會遮蔽、妨礙到子葉生長的草。秋天下種時，蚱蜢會藏匿在枯草裡面來為害，發芽後要趕快拿掉覆蓋的枯草。

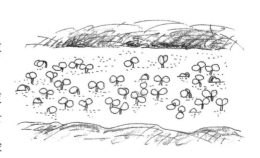

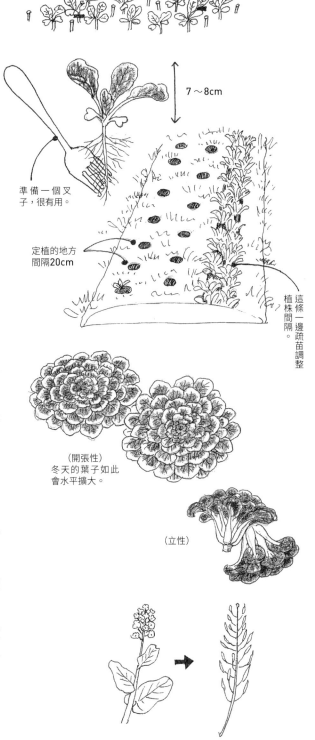

■**疏苗和移植**

· 疏苗要看幼苗的狀態隨時進行，其原則是植株之間葉片不要有重疊的現象。

· 稍微大一些時，可以疏苗來吃。

· 植株生長到有葉片4〜5片，高7〜8cm時，選擇健康的植株移植到菜畦的另一邊，間隔約20cm。

· 移植的工作要選擇在傍晚或下雨之前。天氣若是連續會有好幾天的晴天的話，用枯草蓋在上面以緩和直射陽光。植株存活後再除去枯草。

■**採收**

· 氣溫上升的話，葉、莖直立起來，因此春天栽種時可以種密集一些。冬天則會隨着氣溫的下降，成為如同玫瑰花那樣水平擴大，因此株間距離要加大。

· 冬天的塔菜，味道很濃非常好吃。植株的根部稍硬，用鐮刀或菜刀整株割下。

· 早春抽出的花蕊也可以食用。

■**採種**

· 十字花科作物很容易雜交，因此必須和其它十字花科植物保持非常遠的距離。留下1〜2株健康的植株，在抽蕾、開花之後，會結出有種子的莢果。

· 到5月前後莢果呈現淡褐色時，割下放置在通風處一星期使之乾燥，敲下種子除去雜質後保管於袋子或瓶子中。

7〜8cm

準備一個叉子，很有用。

定植的地方間隔20cm

這條一邊疏苗調整植株間隔。

（開張性）
冬天的葉子如此會水平擴大。

（立性）

青江菜、白菜

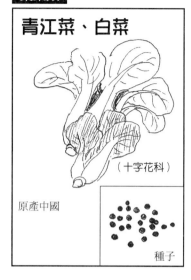

（十字花科）

原產中國

種子

| 1 | 2 | 3 | 4 | 5 | 6 | 7 | 8 | 9 | 10 | 11 | 12 |

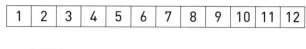

（春播）●●●●●——○○○

（秋播）●●●——○○○○○○

○○○————✿✿✿

品種 青江菜的葉柄肥大、稍帶綠色。有青帝青江菜、青武青江菜、青美青江菜、長陽等。白菜比青江菜的葉色濃綠，葉柄很白，葉肉沒有青江菜那麼厚。

性質 二者都是幼苗時遇到低溫容易抽蔕，尤其是白菜在春天到夏天這段時間，這種傾向更強烈，因此秋天下種比較適合。青江菜和白菜的花芽可以吃，生長期間也格外的短，是很容易栽培的作物。在日照充足，保濕排水良好的處所較好。

■下種

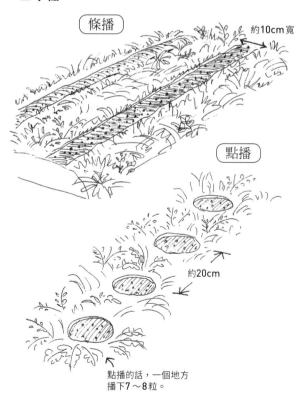

（條播）

約10cm寬

（點播）

約20cm

點播的話，一個地方播下7～8粒。

· 青江菜、白菜二者都是很容易發芽的種類，條播、點播或廣範圍的撒播都可以。

· 條播時在60～90cm寬的菜畦上。下種2條10cm寬度的下種床。

· 首先把草割除，用圓鍬薄薄的削去下種床的表土，和水稻下種時同樣的要領整地。在播下種子之前用圓鍬、木板或手掌壓平，不要下種過密。

· 青江菜、白菜二者都是好光性的作物，因此覆蓋土壤時使種子將要埋沒的程度就好，輕壓後再取周圍的枯草來覆蓋。因為發芽的子葉非常小，所以覆蓋時所用的草，要選擇細小的；若是長的草，要先剪短再覆蓋。

■發芽和疏苗

· 在適當的溫度和濕度下，約3～4天發芽。

· 覆蓋在上面的草，若會妨礙發芽要輕輕的將之除去。

· 割下周圍夏天的草用來覆蓋時，易成為蟋蟀躲藏的處所，要留意割下之草的量和作物的關係。

· 過於密集的地方要階段性的疏苗。

用剪刀剪，或用手指掐著拔出。

■生長和採收

· 疏苗的原則是，隨時保持葉片不要互相接觸的間隔，進行疏苗。

· 點播時每一處留3～4株，會加快生長，長到10cm大小時疏苗的菜也可以食用。

· 條播時間隔5～6cm，從大的苗開始接續的採收來吃。

· 在生長的過程中，葉色帶有黃色、長不大時，可在植株之間補充一些豆粕或米糠。但不要施過多，因為會引來葉片害蟲和蚜蟲。

■花蕊的採收

· 春天下種抽出花蕾是從5月前後開始，秋天下種的到了3月中旬抽出花蕾，形成花芽。這些花蕊尚未完全開花完畢前，可採摘15～20cm的大小食用。剛好是葉菜類的青黃不接時期，因此備受人們的喜好。

· 採摘之後會持續不斷的伸展出花芽，採摘期很長。要採種子的植株先做記號，不可以採摘其花芽食用。

■採種

・十字花科作物(小松菜、甘藍、白菜、青花菜)之間很容易雜交,因此必須保持非常遠的距離。

・從健康的植株當中選擇要採種的,而且不可以採摘它的花芽。

・莢果形成後漸漸呈現淡褐色、乾燥的狀態時,在晴天割取,經過數天使之更乾燥。

・在天氣晴朗的日子,將充分乾燥的莢果鋪在蓆子上,用木棒敲打使之裂開取得種子。取得的種子經過細網篩選除去細小的殼、皮,吹氣除去雜質,再曝曬一次即可裝於瓶子或袋子內保存。

——有關草的處理方法——

　　自然農的基本態度是一種「不與草和昆蟲為敵」的營生方法。草和作物一樣,是圍繞着生命的舞台打轉的生命。僅有我們的目的作物在繞行的舞台,不如有許多生命在繞行的舞台會更為豐富。

　　仔細的看一看各個田園的話,會發現到對應於各場合有其各自的草,昆蟲也是一樣。換句話說,各場合有其必要的草和昆蟲在那裡生長。例如常常在濕地生長的烏柄杓(天南星科),就是中藥的半夏,這半夏在人體內有理水的功效,也許在田裡也有這種功能。

　　草的樣貌也年年不同,或因地點而有所變化,不會一定是相同的種類。

　　來參訪的人常會問「草要如何處理?」或「有什麼好的草的對策?」草的對策並不是一開始就有的,草、作物和得到採收物的我們之間的關係,要思考以最佳的方法來應對是很重要的事。

　　基本上要觀察考慮的是:栽培的作物是不是輸給其周圍的草,通風是不是變得不良,日光是不是會被遮蔽等各項問題,再對作物加以幫助即可。若是草有必要割除時,是從根部割斷呢?或是地上部稍微留一些?或是草不久就會結束其生,因此只需將其壓倒即可。要依照個別的狀況仔細觀察,動動腦筋,想出最好的方法。

結球萵苣類

- 奶油生菜
- 紅縮緬萵苣
- 直立萵苣

（菊科）

紅縮緬萵苣

原產埃及、地中海沿岸、西亞。

（與實物一樣大）
種子

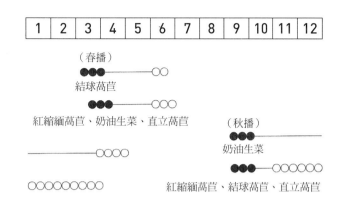

1	2	3	4	5	6	7	8	9	10	11	12

（春播）
結球萵苣

紅縮緬萵苣、奶油生菜、直立萵苣

（秋播）
奶油生菜

紅縮緬萵苣、結球萵苣、直立萵苣

品種 萵苣種類繁多，大致上分為結球萵苣、直立萵苣類、縮緬萵苣類、萵苣筍等。結球萵苣是日本最普遍的會結球的品種，直立萵苣如奶油生菜或紅蘿蔓等摘取葉片的品種，縮緬萵苣的葉子類似縮緬布狀，還有主要食用莖部的萵苣筍等，種類很多。代表萵苣類，在此解說紅縮緬萵苣的栽培方式；其採收的方法、時期有些不同，栽培的方法幾乎相同。

性質 因為不耐熱，秋天下種比較好栽培，春天下種也可以。春天下種時不要拖延得太遲。要選擇保水力好、排水良好、地力佳、日照充足的地點。

■下種

- 萵苣類的種子較輕，稍微扁平，很容易發芽。菜畦要選擇比較好照顧的寬度。製作苗床移植、條播之後慢慢的疏苗、每10粒種子點播之後疏苗等，這些方法都可以栽培得很好。

- 在此說明苗床的製作方法，準備大約半個榻榻米大小（譯註：1/4坪）的菜畦，和製作秧田相同的步驟，首先要割草。其次是薄薄的削去表土，除去草的種子和草，用圓鍬的背面或木板來壓平。

- 把種子平均的撒播(分為2～3次，每次少量的下種)，一面用手搓揉土壤一面將之覆蓋，覆蓋土壤使種子將要埋沒的程度，輕壓後再取用周圍的枯草來覆蓋。

■發芽

· 溫暖季節約3〜4天後發芽。發芽後的子葉非常細、淡黃綠色。

· 當子葉從地面抬頭起來的時候,就要把覆蓋在上面的草,輕輕的除去。在子葉展開後要除草時,有時候會連幼苗都一起拔出來,應留意。

■疏苗

· 長出本葉後,幼苗與幼苗之間不要有重疊的程度,從小的幼苗開始就疏苗了。

· 依下種時的疏密不同,隨時保持葉片不要互相接觸的間隔,進行疏苗。

· 疏苗時會鬆動到土壤,要注意不要傷害到其他幼苗。

■移植

· 本葉迅速成長到3〜4片葉片時就要移植。

· 若幼苗生長不佳時(下部的葉片帶有黃色,整體葉片的葉色變淡)可補充一些豆粕或米糠。撒薄薄的豆粕或米糠時,要避開葉片還有朝露、濕濕的時候。撒的量如同下一層薄薄的霜那樣的程度,幼苗還小時要等一等,至少要生長到4〜5cm才能撒。葉片上若有豆粕或米糠時,輕輕的將之打落。

· 依照菜畦的寬度種植2〜3列,株距間隔約25cm。

· 移植到確認存活大約要2星期。這期間也許葉片會無精打采變成黃色,這與地力不足無關,仔細觀察,不久就會恢復。移植後馬上補充豆粕或米糠對作物會造成負擔,是失敗的原因。

· 仔細觀察葉片的顏色、光澤、整體的健康情況,有必要時補充一些豆粕或米糠。

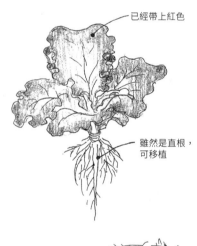

已經帶上紅色

雖然是直根,可移植

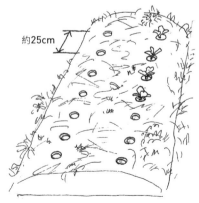

約25cm

■生長和採收

· 秋天下種的紅縮緬萵苣，在溫暖的地區要到
11月前後才可以採收，在寒冷的地區以幼小
植株的狀態越冬，3月才可以採收。

· 雖然是喜好冷涼地區的作物，但是遇到霜、
雪，葉片還是會受到傷害。植株的周圍草茂盛
的話，被這些草守護住，傷害也比較少。會隨
着天氣變暖和再開始生長。

· 採收從大的植株開始隨時進行。直立萵苣由外
側的葉片採摘利用。

· 不利於保存。每次採摘新鮮的食用比較好。又
冬季採收的話，可以煮湯或火鍋等煮熟食用也
很好吃，身體較不會虛寒。

· 摘取葉片的萵苣，可以把各式各樣的食物包在
裡面捲起來吃。菜園裡有一種萵苣就可以作許
多的應用，使餐桌更加熱鬧。

■採種

· 到了6月不管是春播還是秋播的，從中央有一
支花軸伸出來展開枝葉，因為是菊科植物，會
開出類似圓葉苦蕒菜或蒲公英那樣的黃色花
朵。開花結束之後，棉絮狀的東西後面有細長
扁平的種子。

· 等到花軸乾枯之後，選擇天氣晴朗的日子割下
花軸，搓揉含有種子的部分取出種子，吹去種
子以外的雜質和灰塵。

· 再次將種子徹底風乾之後，放入袋子或罐子加
以保存。

· 要留意不要和其他的蔬菜交配。

紅縮緬萵苣
2000年6/30

葉菜類

大白菜（十字花科）

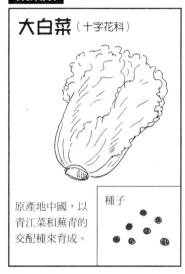

原產地中國，以青江菜和蕪青的交配種來育成。

種子

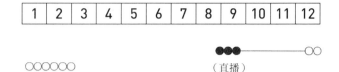

1	2	3	4	5	6	7	8	9	10	11	12

●●●━━━━━━○○

○○○○○○　　　　　　　　　　（直播）

品種 有極早生種、早生種、中生種、晚生種。若想要把採收期拉長的話，可以種兩個品種並把下種時期錯開即可。也有像竹筍白菜那樣不結球的品種，本來野生的白菜是不結球的作物，作醬菜時以黃花系的比較適合。

性質 選擇排水良好而且不乾燥的土壤，日照良好的菜畦。若要使之結球，下種的時期就不要拖延得太遲。以自然農栽培，當地力跟不上時，有時候結球會比較鬆軟，但即使小粒，味道還是很好。

（點播）

← 60cm →

株距 40cm

（條播）

← 60cm →

條播的話，要薄薄地下種。

點播的話，每處播10個左右。

■下種

· 白菜的種子和其他十字花科葉菜類一樣圓圓的非常小。與紅蘿蔔、小麥一樣，不感到光的話就不會發芽，是好光性的作物。3～4年前時不留神地讓種子從種子袋掉落，結果比下種在菜畦上的種子發芽得更好。覆蓋種子的土壤薄薄的就好。

· 點播時，如圖所示，預先空出長大後的植株所需的空間再下種，這時期夏季的草很茂盛，將之割除後，下種時若堆積在菜畦枯草的量很多時，枯草會成為蟋蟀藏匿的地方，有時候會有發芽後被蟋蟀吃掉的情形發生。這時要先仔細觀察菜畦上面的草的情況，據此選擇下種地點，或讓菜畦上的草量減少些。

· 不論是點播或條播，只要在下種的處所把草除去，薄薄的削去表土，用手掌來壓平後下種，輕壓後取用周圍的枯草來覆蓋。

76

■ 發芽和疏苗（3～4天就發芽）

- 開始發芽時，就要把覆蓋在上面的草，輕輕的將之除去。不要讓它徒長成像豆芽菜那樣。（如右圖，芽的頭抬起來的時候）

- 不論是點播或條播，要隨着生長階段來疏苗。因為白菜的種子很小，不知不覺就下種過密了，這時不要慌亂，少量、逐漸的疏苗即可。

- 生長到本葉有4～5片葉片時就可以移植。

- 白菜是直根伸展的，移植時儘量不要傷害到直（主）根。這季節陽光還很強，因此要選在將要下雨的傍晚時移植。

- 本葉長到20cm時，疏苗的菜就可以端上餐桌。

- 到這個時候不論是點播或條播，都要調整成為1株成長的間隔距離。周圍的草要割除一些，以免作物輸給草。

- 12月初開始結球。

- 周圍的草也會一起長大，但是生長到這時候已經不會輸給草了。

- 火鍋料理或醬菜不可或缺的白菜，從開始要捲起來的依序採收，剝去的外部葉片回歸田裡，保存時儘量要讓它直立。

■ 採收

- 因為以自然農栽培，所以生長較緩慢，有時候會結球延遲，到了春天不結球了。

- 想要使之結球，下種時不要拖延，要儘量提早疏苗培養出健壯的苗，地力不足時，栽培的中途在植株的周圍補充一些米糠等，用心加以照顧。

・到目前為止，我們種的白菜還不太像排列在店面的那種很結實的白菜；雖然捲得不很結實，但自然農栽培的白菜有甜味、柔軟、特別好吃。若思考一下大白菜本來就是不會捲起來的品種，那麼這就是最好的了。

■ 花蕾的採收

・到了3月下旬到4月花軸就伸長出來。這個花蕾的部分從先端15cm左右的地方採收，川燙一下就可以吃。柔軟、沒有苦味、口味清爽很美味。

・這段期間剛好是葉菜類的青黃不接時期，因此備受喜好。

・採摘之後，還會持續不斷的從葉腋伸展出花芽，請務必多加利用。

■ 採種

・十字花科作物(小松菜、甘藍、白菜、青花菜)之間很容易雜交，若想要採種的話，必須保持非常遠的距離來栽培。

・從健康的植株當中選擇要採種的植株，不要採摘花芽。

・5月到6月時種子的莢果由綠轉黃，最後呈現淡褐色、直到變乾燥及硬的狀態為止。

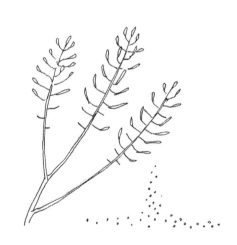

・在晴天割取，在蓆子上用木棒輕輕敲打使之裂開取得種子。依數量的多少，量多時用鼓風機吹去莢、殼及雜質，量少時用手除去之後(可巧妙的使用簸箕)再用口吹去雜質。

・然後將種子徹底的風乾，放入袋子或罐子加以保存。

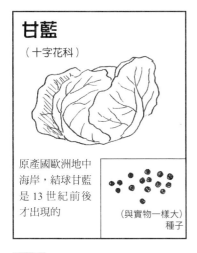

甘藍
（十字花科）

原產國歐洲地中海岸，結球甘藍是 13 世紀前後才出現的

（與實物一樣大）
種子

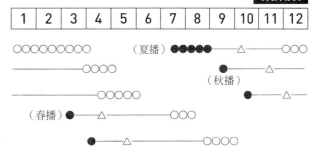

1	2	3	4	5	6	7	8	9	10	11	12

（夏播）
（秋播）
（春播）

品種 甘藍也有早生種、中生種、晚生種，又因下種時期導致採收時期錯開，幾乎一年當中都可採收，但比較好栽種的是9月下種的春甘藍，其甜味濃、葉片也柔軟。

性質 甘藍和洋蔥一樣，先培育幼苗再移植是一般的栽培方式，選擇品種不會抽蕾的於適當時期下種。甘藍喜好涼爽的地方，對於低溫是耐性很強的作物，因此秋天下種比較容易栽培，建議初學者在這個時期開始栽培甘藍。

■下種

· 秋播的品種是比較容易栽培的，因此以秋播為例來說明，於夏天時長得很茂盛的甜椒或茄子（不久一生就要結束的）的菜畦的兩側播下種子，作物可以緩慢的交替。

· 因為甘藍是屬於比較需要地力的作物，要選擇作為豆科作物的後作，或稍微休耕一段時間培養好地力的菜畦，會比較好。

· 下種的方法，點播時依照以下的要領。（參考p61）要想像甘藍長大時的情況，預先留下適當的間隔，撥開夏季草的遺骸之層，每處播下5～6粒種子。覆蓋土壤至種子將要埋沒的程度，輕壓後再於上面覆蓋薄薄的枯草來防止乾燥。

· 快的話4～5天就發芽了。從子葉的時期，就稍微留有間隔的開始疏苗，當本葉有3～4葉片時，留下最健康的1株。

· 直播的話不會因為移植而傷害到根部，可以培育健壯的菜苗。若葉色帶有黃色，認為地力不足時，補充一些豆粕或米糠。

直播

30～35cm

茄子、甜椒等。

- 下種的方法依照撒播的要領進行。（參考 p58）

- 因為苗要培育到某種程度的大小，所以不要下種得過密。為了避免乾燥，覆蓋土壤後輕壓，再用枯草或割下周圍的草覆蓋。4～5天就發芽了。發芽後必要時，就要把覆蓋在上面的草除去。

- 幼苗與幼苗之間不要有重疊的程度，分階段疏苗。疏苗時留下健壯的苗。（用剪刀剪也是一種方法）本葉有3～4葉片時為止，苗與苗之間約留10cm的間隔。

- 約經過一個半月，當本葉有6～7葉片時，生長到可以獨立的大小時就要準備移植了。

- 選擇下過雨，土壤正好濕潤時，或是將要下雨的傍晚移植（要避開中午強的陽光）。

- 假使土壤乾燥的話，作業的30分鐘前苗床充分的灌水，使幼苗容易拔出，要移植的地點要先挖洞也要充分的灌水，水分確實滲入土中之後就可以移植了。（定植後就不再灌水）

■ 植株的生長

- 定植後就進入冬天，甘藍對於低溫是耐性很強的作物，不必太擔心。在冬天時不太會生長，到了春天才開始包起來的也有。但是會長大到足夠可以食用。

- 到了春天成為白紋蝶和幼（青）蟲的棲息處，但是葉片是從裡面漸次長出來的，外面的葉片即使被吃也無所謂。到了春天甘藍也長大了，不會輸給周圍的草，所以不必太在意。

培育菜苗移植

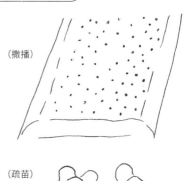

（撒播）

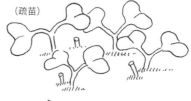

（疏苗）

（定植）

開始結球的樣子

■ 採收

· 從結球良好的依序採收。若不使用鐮刀或菜刀時是割不下來的。

· 摘除外部的葉片回歸田裡。

· 開始要抽花蕾時，結球的中央會隆起來，很容易就可判別，儘量在未隆起來之前吃完。(當然要先留下2～3株以供採種)

■ 保存

· 甘藍的保存溫度是0～5°C。要利用冷藏庫的設備並用紙包起來放進去，才可以保存長久的時間。

· 不只是生吃，煮熟了可以吃更多。作床漬(一種日式醬菜)也可以，作醋漬(一種歐洲醬菜)就可以保存很久。夏季甘藍剛好是葉菜類的青黃不接時期，因此備受喜好。

■ 採種

· 在不希望甘藍抽花蕾的時候看到它抽花蕾是有點失望，雖然如此，打開精力旺盛的結球，裡面迅速冒出來的花芽是很有精力的樣子。

· 和其他十字花科蔬菜(小松菜、野澤菜、青花菜、蕪青葉等)同樣開黃色的花，甘藍的花稍微淡色很可愛。

· 開花結束後形成果莢，果莢漸漸呈現乾枯、淡褐色時，莖幹一起割取，在屋簷下使之完全乾燥之後，鋪在蓆子上用木棒敲打，使果莢裂開取得種子。

· 取得的種子經過細網篩選除去細小的殼、皮，吹氣除去雜質，再曝曬一次，便可裝於瓶子或袋子內貼上標籤保存。

種子的豆莢

※ 甘藍的種子幾乎都是F1，要固定一個好的品種需要好幾代。

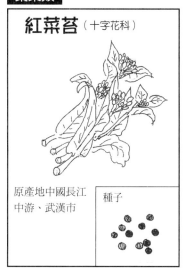

紅菜苔 (十字花科)

原產地中國長江中游、武漢市

種子

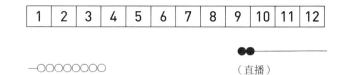

| 1 | 2 | 3 | 4 | 5 | 6 | 7 | 8 | 9 | 10 | 11 | 12 |

—○○○○○○○○   ●●━━━━━━━━
                              （直播）

品種 在中國，一般認為開花之前的蕾莖其營養價值很高，花粉被當作是長生不老的食物，食用蕾莖的蔬菜有蒜、韭菜等，非常多。紅菜苔的莖是紅紫色。菜心和紅菜苔很類似，菜心在春天也可以下種，紅菜苔只可以在秋天下種。

性質 紅菜苔是比較容易栽種的作物。前年掉落的種子也很容易發芽，只是下種不要太遲，下種太遲的話在還沒有長大之前就抽苔了，蕾莖的收量變少。

■ **下種：9 月中旬～下旬**

· 種子和其他十字花科的種子一樣非常小粒。一般是條播，撒播也可以。撒播時要削去較大面積的菜畦表層，在此說明條播的作法。

· 在夏天最後還留下暑熱的季節，夏天的草的勢力漸漸的衰弱，在草長得比人還高的菜畦，預先在一個星期前將草割除，依照菜畦的狀態作準備。

· 下種的寬度約10cm，只要在下種的地方把草除去，薄薄的削去表土，用圓鍬的背面或木板來壓平。若土層表面不平，會使得播下的種子深度不同，造成發芽率不穩定(平均)。

· 把種子以適當密度撒播，覆蓋土壤使種子將要埋沒的程度，輕壓後為防止乾燥，可取用枯草或是割下周圍的草來覆蓋。

· 在潮濕且有蛞蝓、團子蟲等為害的菜畦，在發芽的途中需把覆蓋的草掀開。

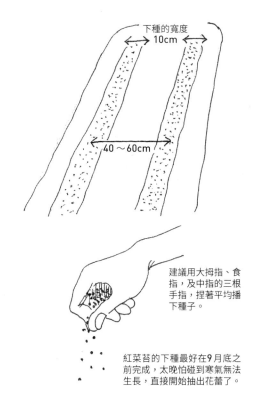

下種的寬度
10cm

40～60cm

建議用大拇指、食指，及中指的三根手指，捏著平均播下種子。

紅菜苔的下種最好在9月底之前完成，太晚怕碰到寒氣無法生長，直接開始抽出花蕾了。

■ 發芽和疏苗

- 3〜4天就發芽。

- 疏苗要分幾次來疏苗，每次以幼苗與幼苗之間不要有重疊的程度，少許少許的疏苗。

- 經過了2星期，生長到10cm大小。本葉有4〜5片葉片時也可以移植。

- 為了節省作業，可以在菜畦的一側條播，在這個時候把疏苗的苗移植到另一側，可以節省很多工作。疏苗時不要傷害到根。(可以使用叉子捧起根部)

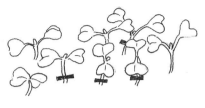

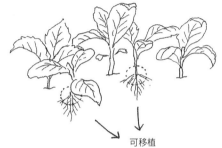

可移植

■ 生長和採收

- 主根長大後會伸展出粗大健壯的莖部，從主莖上會有許多腋芽生長出來。

- 假使地力不足、葉色帶黃時，可在周圍的菜畦薄薄的補充一些豆粕或米糠。植株的葉片上若有豆粕或米糠時，可輕輕的將之打落。(剛移植後不可補充)

- 採收可用手折斷生長的蕾莖部15〜20cm左右的地方。難以用手折斷則表示那部位已經變硬了；可選擇再上方一點能夠用手折斷的部分。

- 持續採收，腋芽仍會不斷長出來。建議採收了當天就馬上食用。

株距要確保30〜40cm。

■ 採種

和大白菜同樣的作法採種。

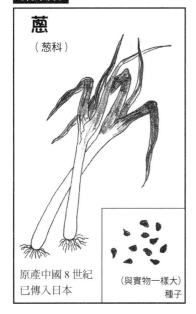

蔥
（蔥科）

原產中國 8 世紀
已傳入日本

（與實物一樣大）
種子

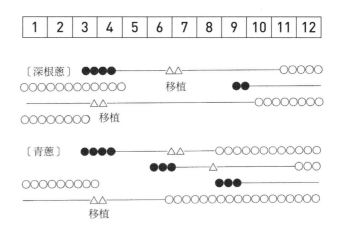

1	2	3	4	5	6	7	8	9	10	11	12

〔深根蔥〕●●●●————————△△——————————○○○○
○○○○○○○○○○○○——————移植————————●●————————
——————————————△△—————————————○○○○○
○○○○○○○○————移植—————————————————

〔青蔥〕●●●●————————△△————○○○○○○
——————————————●●●————△————————○○○
○○○○○○○○○————————————————●●●————
——————————△△——————○○○○○○○○
移植

品種 大略可分為太蔥、兼用蔥、葉蔥等三群。分別適合於各地氣候的本地蔥的種類有很多，若包含改良種的話就更多了。

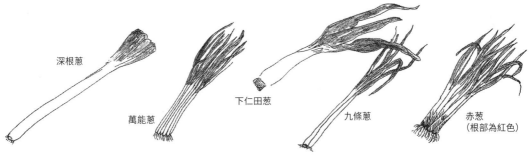

深根蔥

萬能蔥

下仁田蔥

九條蔥

赤蔥
（根部為紅色）

・太蔥群：松本一本蔥、加賀蔥、札幌太蔥、下仁田蔥、清瀧、越谷一本蔥
・兼用蔥、葉蔥：岩國蔥、九条蔥、小春、淺黃系、里之香、赤蔥、萬能蔥

性質 蔥自古在全世界上，有各式各樣的種類被栽培食用，在此舉例的可以說是東洋獨特的蔥。被稱為太蔥或深根的種類，主要是食用白色葉鞘部(白根)；葉蔥是食用綠葉的葉身。耐高溫、低溫，但據說氣溫高於30˚C時生長會停頓。喜好日照充足、通氣性良好、排水良好的土壤，旱田裡不要有積水，夏天不喜被草覆蓋成為多濕的狀態。葉蔥是利用切下的葉身部，根部留下來會再長出新葉，可以持續被利用，很方便。

■下種

・蔥的種子放久了發芽率會降低，所以要選用去年度採收的種子。
・栽培是採用製作苗床密植的育苗方法，然後移植。苗床的準備和栽培水稻的苗床完全相同。春播、秋播都可以，但不要延誤了各自的適當時期。

- 在需要的面積上把草割除，並用圓鍬稍微削去表土，有宿根的大株的草可稍微除去，整理後用手掌輕輕的壓平。
- 把蔥的種子分散的撒播，每1粒的間隔約1～2cm左右，少許少許的下種。
- 將沒有混雜到草的種子的土壤，一面用手搓揉一面將之覆蓋，覆蓋程度以種子將要埋沒的深度即可。
- 再次輕壓，上面用枯草或青草的細小葉片薄薄的覆蓋，如此作可以防止乾燥直到發芽為止，除非鬧旱災都沒有必要灌水。

苗床的大小依據作物的數量而異。

撒割好的葉子細的草。

■ 發芽

- 5～7天就發芽。
- 看到蔥的芽彎曲成2個折的時候，就要除去上面覆蓋的枯草。蔥的芽細又柔軟，若太慢除去枯草的話會受傷。
- 葉片有2片，開始直的伸展。細小的冬天的草在腳底發芽時，可將之適量拔除。(因為剛剛長出來的小小的草，即使拔除也不會動到土壤，所以可以放心的拔除。)

■ 疏苗

- 發芽約一個月後，長到5～10cm大小。從長得密集的地方開始疏苗，間隔大約要有2～3cm。
- 春播的蔥發芽後，這個時期草也很多，所以要認真割草。若輸給草，則通氣性變差，濕氣也會傷害到苗。
- 若幼苗的顏色變淡或葉色帶有黃色時，可補充一些豆粕或米糠。

■移植

種植葉葱時

・春播的6～7月前後，秋播的3月下旬～4
月上旬，6月下種的在8月下旬移植。

・移植的菜畦要準備2條，每條割除草寬度
10cm，表土薄薄的削平整地。快要到夏天
時不輸給草，葱的根部周圍的草要特別留
意。

・只拔起要從苗床移植的分量，拔起時不要傷
害到根部，在新的種植的地方每間隔15cm
種2～3株。

・種深一些但是注意不要埋到生長點。

種植太葱時

・太葱的葉鞘部(白色部分)比較好吃，所以
是需要技巧稍微下工夫培土的。

・春播的話移植是在6～7月，正好可以利用
馬鈴薯採收後，不必特地挖掘種植溝。每條
菜畦種植溝的寬度15cm深度20cm。種植溝
挖出來的土壤要放在溝的北側。

・株距15cm左右，把幼苗倚靠在溝的一側，
覆蓋5cm的土壤，其上覆蓋許多稻草或乾草
以防止乾燥。

・一般來說，幼苗是倚靠在溝的南側，因為菜
畦是東西走向的，這是為了不讓夏天強烈
的陽光太乾燥的智慧。相對的，自然農的基
本要領是將菜畦作成南北走，此時幼苗是倚
靠在溝的西側比較好。在這種狀態下培育
40～50天。

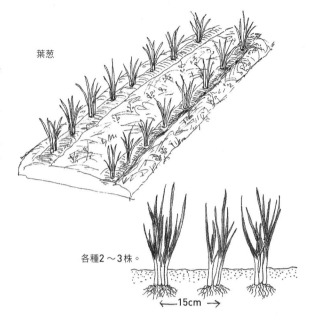

葉葱

各種2～3株。

←15cm→

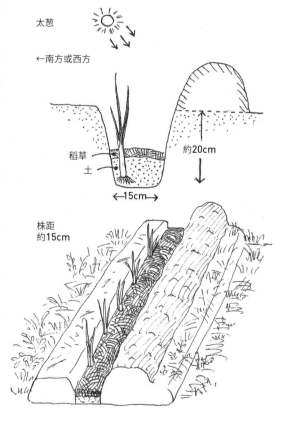

太葱

←南方或西方

稻草
土

約20cm

←15cm→

株距
約15cm

①第一次的培土　　②第二次的培土　　③第三次的培土

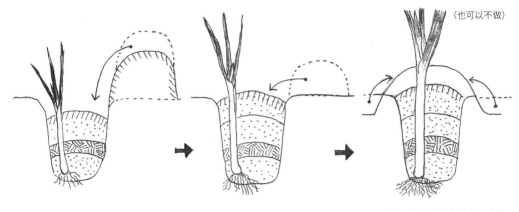

（也可以不做）

- 移植後40～50天，把從種植溝挖出來放在溝旁一側的土壤，回填一半。

- 在第一次培土後2～3星期進行，把剩下的土壤全部回填。

- 若想再次培土的話，在第二次培土後的2～3星期進行，收集周圍的土壤堆放上去，因為會動到菜畦的土壤，也可以不做。

■採收

- 太葱從長得很大的開始採收，必要時用圓鍬挖開周圍的土壤，盡量從底下慢慢的拔出來。

- 土壤若太硬，拔不出來時，用圓鍬斜斜的從根部挖取採收。

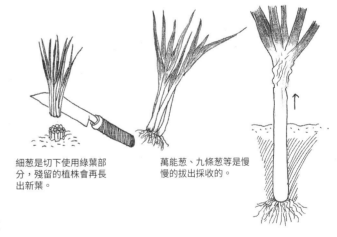

細葱是切下使用綠葉部分，殘留的植株會再長出新葉。

萬能葱、九條葱等是慢慢的拔出採收的。

■採種

- 春天過後開始抽蕊，所謂的「葱花」長出來了。事先選定生長得健康的植株，到了6月穗成熟，莖和葉轉變成褐色時，就可以看到黑色的種子。

- 穗成熟採收後倒立搖動，種子就掉下來，將種子陰乾後加以保存。
　◎葱的種子只能保存1年，應注意。

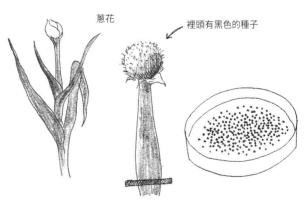

葱花

裡頭有黑色的種子

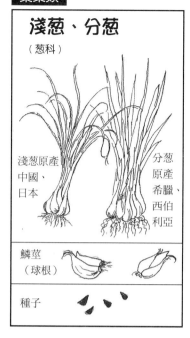

葉菜類

淺蔥、分蔥
（蔥科）

淺蔥原產中國、日本

分蔥原產希臘、西伯利亞

鱗莖（球根）

種子

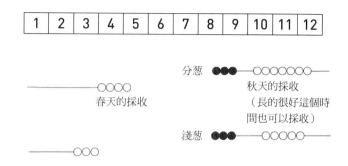

1	2	3	4	5	6	7	8	9	10	11	12

分蔥　●●●——○○○○○○○○○

秋天的採收
（長的很好這個時間也可以採收）

——○○○○
春天的採收

淺蔥　●●●——○○○○○

——○○○

・淺蔥：是日本自古以來的蔬菜，在平安朝時期已經有被食用，「淺蔥膾」（譯註：用醋味噌拌淺蔥與蛤蜊等貝類的菜）是古時候三月三日女兒節的節慶膳食。在沒有蔥的季節，非常受到喜愛。有鬼淺蔥、八房淺蔥等品種。

性質 日照良好、適當的濕度及地力好。根部很淺，土壤乾燥的話不太好。

・分蔥：在日本比蔥還早從中國傳來在來種。連鱗莖一起食用，和淺蔥一樣，將鱗莖部挖出來保存，很容易栽培。性質和淺蔥很像，適合溫暖地方栽培。

・淺蔥、分蔥的同類有野蒜、蕗蕎、紅蔥頭、韭蔥等品種。不同於蔥，鱗莖（根球）會分球；可以直接把它種下去，讓它增生。也可以用種子種下。

■ **鱗莖的栽種**（8 月中旬～ 9 月中旬）

・夏末旱田生長旺盛的草，不久也會結束其一生，在這樣的菜畦栽種時，將生長旺盛的草割倒，讓陽光照射使之凋萎後，在其間點下種植。

・或者是種在縞網麻、胡瓜或紫蘇等到了秋天就會枯死的作物下面，可以在這些作物的樹蔭下防止乾燥。

・鱗莖2 ～ 3 個撥開，行距40cm株距20cm挖個洞穴栽種。

・要選擇肥沃的地點種植比較好。

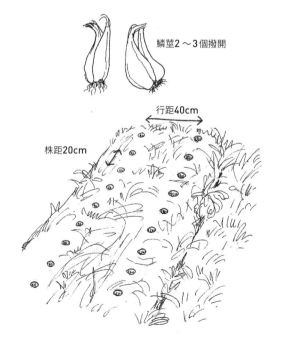

鱗莖2～3個撥開

行距40cm

株距20cm

・鱗莖埋於地下，尖的一方在上面，稍微露出尖端那樣淺淺種下。

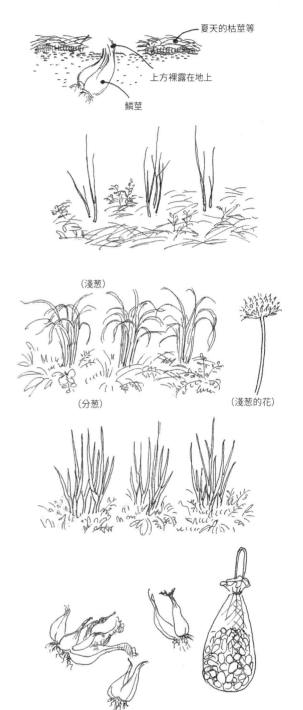

■ 發芽和生長

・約經過1個月伸展出20cm左右蔥的葉子。

・淺蔥是蔥類當中最細的種類，伸展出來的隨時可摘下來採收。從10月下旬採收到初冬，12月、1月是進入休眠狀態，2月中旬再次可以採收。

■ 採收

・分蔥也是從10月中旬起，就可以隨時摘下採收。

・淺蔥同樣在冬天休眠，一旦枯萎，到了4月再次出芽就可以採收。

・此時鱗莖分蘗得很大，挖出來連鱗莖一起食用。

・川燙涼拌醋味噌是春天好吃的一道菜。

■ 當作種子之用的鱗莖的保存

・進入5月的時候，淺蔥會開帶有淺紫色之桃色的花，也可以採收種子，通常是在地上全部枯乾的6月前後，挖出鱗莖部，甩掉土壤，分開成每個有2～3片鱗莖，風乾後放入網袋吊掛起來保存。

・分蔥也用同樣的作法，但是淺蔥是放了3～4年植株長大之後才做採種。

・分蔥對夏天的梅雨和濕氣適應力很弱，所以要每年挖出來保存。

韭菜 （葱科）

韭菜花

原產地東亞

種子

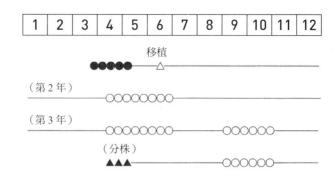

1	2	3	4	5	6	7	8	9	10	11	12

移植

（第2年）

（第3年）

（分株）

品種 品種並不很多，大致上可分為葉片寬的大葉韭菜和原生種的細葉韭菜。大葉韭菜有Green Belt、Green Road、Wild Green、King Belt等改良種。葉片硬以採摘花芽食用的韭菜花品種有Tender Pole。

性質 韭菜特有的氣味很受到喜好，在日本常被食用。是容易栽培且健壯的多年生草本，一旦生長成為大株之後，每隔2～3年分株一次。因為不喜好濕氣，要選擇排水良好的場所。韭菜花是採收花芽的，所以要選擇地力良好的場所。

■下種

· 種子一定要選擇新的。

· 下種的方法，撒播、條播都可以，在此用與洋葱的育苗方法相同的撒播。

· 菜畦的一部分除去草，薄薄的削去表土，用鋤頭的背面或木板來壓平。取用附近沒有混雜到草的種子的土壤加以覆蓋，約5cm左右的厚度，輕輕壓平後，再利用枯草覆蓋以防止乾燥。

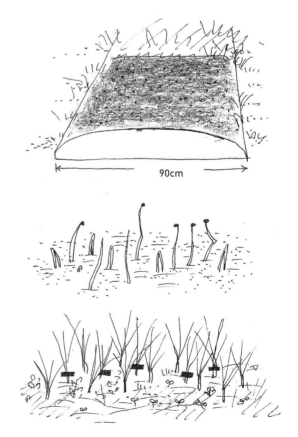

90cm

■發芽和疏苗

· 發芽需一星期到10天的時間。

· 韭菜的植株長得過大的話不會輸給周圍的草，因生長力旺盛，幼苗在通風不良時會變的軟弱或消失掉，所以要割草，苗若過密要疏苗。

· 苗與苗之間隔保持在2～3cm左右。

■移植

・到了6月，苗長大到20cm時就要移植。首先把幼苗小心的從苗床拔取，如同水稻的秧苗那樣用圓鍬插入深5～6cm處鬆開土壤來取幼苗，或者是用移植鏝少量的挖取。

・盡量不要傷害到根部，甩掉附着在鬚根上的土壤，準備4～5支幼苗為一束。此時，切除葉子先端三分之一的部分。

・菜畦要選擇肥沃的地點，若草很高的話，要全部割除以壓制草的勢力，只在要種植處把草撥開、挖個洞。

・行距約60cm株距30cm。

・4～5支幼苗為一束，基部雪白的部分深深的埋入土壤裡面。

■生長

・第1年為了使植株壯大，先不要採收葉片。

・在夏天為了不輸給草和使通風良好，周圍的草要割1～2次。

■採收

・到了第2年的4月，植株也稍微長大，柔軟的新葉伸長到20cm以上時，從根基部切割。

・留下距地面2cm左右，馬上會再伸長出新葉，過了2星期後從同一植株可再採收。

・第3年春天秋天都可以採收，同一株的採收一年可以5～6次。

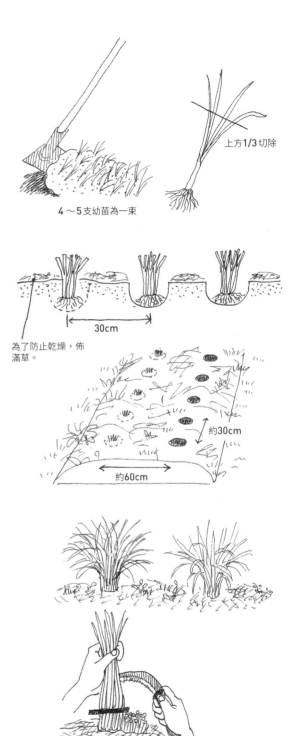

上方1/3切除

4～5支幼苗為一束

30cm

為了防止乾燥，佈滿草。

約30cm

約60cm

■關於分株

・經過了3～4年植株變得很大，葉片也開始變細，植株也開始弱化，所以要進行分株。

・用鏟子等把整株挖出來。韭菜的根出乎意料之外的伸張的又深又廣。

・甩掉舊的土，按照植株的大小切開分成數塊，用手分不開時，用鐮刀畫出切口然後用手扒開。

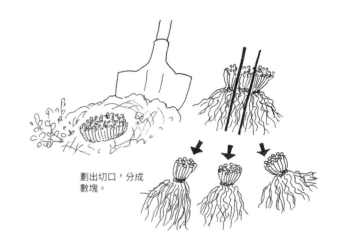

劃出切口，分成數塊。

■採種

・也可以採種。

・韭菜的花是在7月前後開始有花蕾，8～9月前後開出可愛的、有如棉花棒的白色花。到了10月下旬至11月時，那些花謝了，裡面開始可以看到黑色的種子。在種子尚未掉落之前用剪刀剪下花，把種子打落在廣闊的容器中或蓆子上。

・在天氣晴朗時把種子拿出來曬太陽，乾燥後保存。

◎韭菜的種子有效年限只有一年。

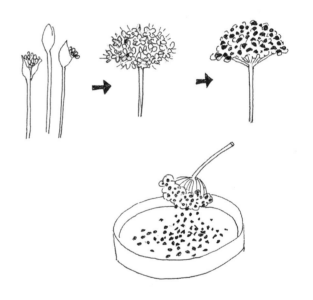

■關於韭菜花

・韭菜花是韭菜的變種，葉片稍微硬，花芽伸展迅速，香味也柔和，是食用花芽種類的韭菜。

・7～9月長出花芽，在花蕾尚未開花之前從基部摘下採收。

・韭菜花比韭菜更需要地力。

・到了春天補充一些豆粕在植株周圍的話就會長出花芽。地力不足的話，只會長出少許的花芽。

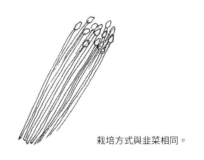

栽培方式與韭菜相同。

埃及田麻

（田麻科）

種子

阿拉伯、印度
埃及、蘇丹等
中東地區原產
日本最近引進

1	2	3	4	5	6	7	8	9	10	11	12

●●●●●──▲─○○○○○○○○○
　　　　移植

品種 品種的分化、發展尚未見到，引進日本的時間還短，並未有特別的新品種出現。但近年，矮性、分枝性、耐倒伏性的品種改良正在進行中。

性質 從原產地也知道是高溫性的植物。發芽溫度據說是25～30℃，生長的適當溫度也是20℃以上，所以要在氣溫完全上升後栽培比較好。摘芯的話會持續長出分枝，採收其先端20cm左右的嫩芽。川燙後像黃秋葵和山藥一樣有獨特黏液的口感，據說很有營養。

■下種

· 下種要在氣溫完全上升後進行（25℃以上）。過早下種遭遇到寒冷時，會提早長出花芽而變硬，無法採收。

· 用直播而後疏苗的方法時，點播的間隔約50～60cm。因為摘芯後會持續長出分枝，每一株都會長得很大。

· 在下種的地方，直徑10cm的圓形範圍內的土壤加以鬆土、除去宿根，整地後用手掌輕輕壓平，播下6～7粒種子，覆土到剛好可以蓋過種子，輕輕壓平後，割取周圍的草來覆蓋以防止乾燥。

· 製作苗床時也是以大概同樣的要領。在必要的地方加以鬆土、除去野草宿根，整地後用圓鍬輕輕壓平。撒下種子時不要過密，一面用手搓揉土壤一面覆土，或是用篩子過篩然後覆蓋。

· 覆蓋土壤至剛好可以蓋過種子再輕輕壓平。割取周圍的草來覆蓋以防止乾燥。

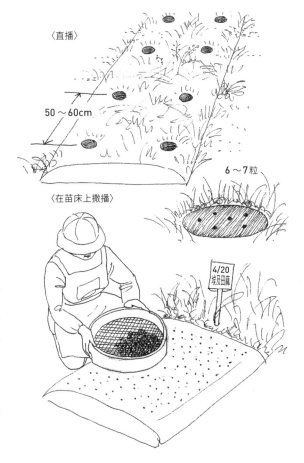

〈直播〉

50～60cm

〈在苗床上撒播〉

6～7粒

4/20
埃及田麻

■ 發芽和疏苗

· 下種後4～5天就會發芽，依當時的氣溫而定。

· 為了不傷害到剛出來的萌芽，在發芽後用手輕輕
  除去上面所覆蓋的草。

· 下種過密時用剪刀剪掉或用手輕輕地拔掉，疏苗
  使得幼苗有寬廣的空間生長。

· 以幼苗與幼苗之間葉片不重疊為原則加以疏苗，
  使之充分照到陽光，待苗長到約15cm高時，一
  處只留下1～2株。

· 此時苗床的幼苗就可以進行移植。

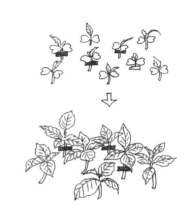

■ 移植

· 移植要在傍晚或天氣將要變壞之前進行，而且要
  避開陽光最強的中午。

· 行距60～70cm，株距50～60cm，取得寬廣的
  空間，只割除要種植之處的草，要挖稍微大一些
  的植穴，加入少許的水。

· 用移植鏝從苗床把幼苗挖出，要有土壤附着且不
  要傷害到根，待植穴內的水消失後才植入。

· 用挖掘出來的土壤，填回到植株的四周用手輕輕
  壓實，用枯草覆蓋以防止乾燥。

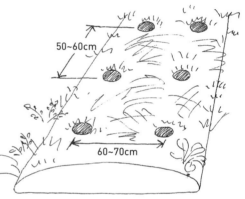

■ 摘芯和生長

· 移植後只經過一星期，已經存活，根也伸展出來
  開始迅速生長。當植株長到約20cm時，摘除中
  心的先端。

· 如此一來，則其下方葉片的着生處的枝條會開始
  伸長。把分枝的先端摘除，則分枝長出更多的
  芽，植株也長得更大。

· 這種摘芯的動作就是縞網麻的採收，可以食用。

· 縞網麻是高溫性的作物，進入7月後會生長更為
  快速。

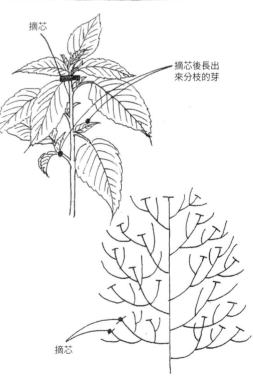

■採收

· 每次摘芯後，分枝長得越多，植株也長得更大。採收是依照摘芯的要領，在分枝的先端約20cm處用手摘收。

· 此時若「啪」的一聲很容易摘下的話，食用時也是很幼嫩的，以此為標準來決定分枝的長短，20cm左右的地方變硬不易摘收的話，則從稍微上方的15cm摘收即可。

· 整個9月分都可以採收，日照時間變短時開始會着生花芽。一開始開花後，葉和莖也漸漸變硬，開始開花時就接近結束採收。

· 不容易保存，冷藏時容易壞掉，因此用濕報紙包裹，直立放置於涼爽處即可。

用濕報紙等包裹放冰箱。

■採種

· 秋天漸次開黃花後，結了含有種子的細長(8～10cm)莢果。到了11月葉片全部掉落之後整體成為茶褐色，莢果的顏色也變成褐色且乾枯。

· 連續的好天氣之後連枝條一起割下，放在通風良好的地方曬太陽，充分乾燥後取出種子保管。

· 只需少量種子的話，有10支莢果就足夠了。如果要獲取許多種子的話，可在竹簍裡面鋪上報紙，採集莢果放入，放在通風良好的地方曬太陽，然後用木棒敲打並用手搓揉取出種子。用篩子將種子和果莢分開，吹去灰塵。

· 縞網麻的種子每年採集新的比較好。

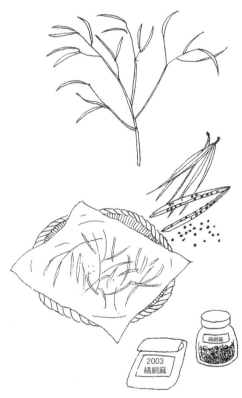

縞網麻

2003
縞網麻

葉菜類

落葵（皇宮菜）

（落葵科）

原產地熱帶亞洲

種子

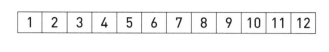

1	2	3	4	5	6	7	8	9	10	11	12

品種 葉、莖的顏色帶有紅紫色的紫色種，和全部是綠色的綠色種，沒有其他的分化。

性質 高溫性的蔓藤作物，生長力非常旺盛。喜好陽光，要種在陽光充足的地方。食用葉和莖的先端，川燙食用有滑溜的獨特風味。和菠菜的味道很類似，有印度菠菜、錫蘭菠菜等別名。

・在溫暖的地區生長良好，可以伸長到約3〜4m，所以要立支柱將之牢牢固定。

■下種

・種子的外皮堅硬，不容易吸水，發芽率並不太好，但去年掉落的種子聚集在一塊時，常常會有自然發芽的情況，因此營造一個適合種子發芽的環境是很重要的。

・直播或製作苗床都可以，重要的是從下種之後到本葉長出來為止，必須留意不要使之乾燥。

・選擇日照良好、肥沃的地方。點播時行距60〜70cm，株距40〜50cm。

・在下種的地點割除直徑10cm左右的草，除去宿根整地後，每一處播5〜6粒種子。

・覆蓋約1cm厚的土，用手輕壓後割取周圍的草覆蓋，這樣作可以防止土壤乾燥，促進種子發芽。

・下種時，地溫要達到25℃以上時比較好。

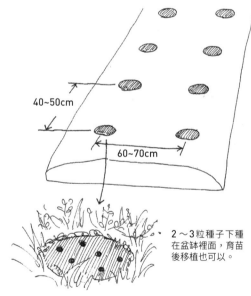

40~50cm

60~70cm

2〜3粒種子下種在盆缽裡面，育苗後移植也可以。

■發芽和疏苗

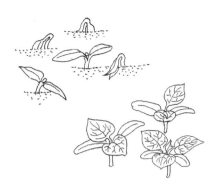

· 雖然是發芽率不佳，但如果土壤溫度十足的上升，條件配合得好的話大約10天左右就發芽了。若要進行移植，本葉要有3～4片時進行。

· 直播的話，要逐漸的進行疏苗，苗生長到約25cm長時，一處只種一株。

■生長

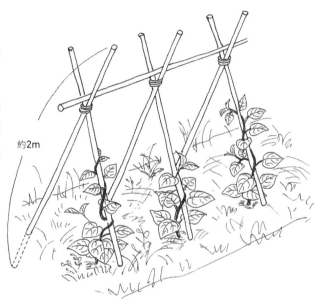

約2m

· 此時有蔓藤會伸長，必須準備支柱。支柱一株一支確實的纏繞，然後互相組合在一起。

· 蔓紫在盛夏生長茂盛、因為葉肉很厚，增加其重量，又因為是颱風的季節，沒有比把支柱牢固地綁好更重要的了。

■採收

· 採收是摘取持續長出來的腋芽的先端約20cm或是只摘取葉片，川燙以後加醋、作料、醬油等，在夏天可以使精神飽滿。因為有黏液，和納豆、黃秋葵很搭配。

■採種

· 在紫色的穗上開粉紅色的花之後會結黑色圓形的果實。等果穗完全乾枯的11、12月左右摘下果穗，再次使之乾燥後，撥下完全成熟變硬、變黑的種子。除去雜物再次使之完全乾燥後保存。

· 蔓紫的種子在常溫可保存2～3年。

採收是摘取蔓的先端整體或是只摘取葉。

葉菜類

紫蘇（唇形科）

原產地中國的中南部、西馬拉亞地區，日本是在比平安時代稍早開始栽培。

（與實物一樣大）種子

1	2	3	4	5	6	7	8	9	10	11	12

（一旦種過一次，隔年起靠自然掉落的種子就可以發芽。）

品種 依照葉片的顏色和形狀，可以分為綠紫蘇、紅紫蘇、皺葉綠紫蘇、皺葉紅紫蘇、紅背紫蘇等。

· 綠紫蘇、皺葉綠紫蘇因為大葉可以作為風味、藥味來使用，醃製梅子着色時使用紅紫蘇、皺葉紅紫蘇、紅背紫蘇，其他也有利用花芽（穗紫蘇）、種子（果實紫蘇）等。

性質 喜好高溫，25°C前後生長最良好。不挑剔土質，任何地方都生長得很好，但不喜好乾燥的地方。種子具有好光性，因此覆蓋土壤時要蓋薄一些。下種一次以後，靠自然掉落的種子就可以發芽。

■下種

· 紫蘇具有好光性，很容易發芽，只需要少量之綠紫蘇的場合，撒播一些就足夠了，甚至一株也很好用。

· 醃製梅子時需要許多紅紫蘇，或想要採收許多果實時，可在菜畦上條播，下種2條，然後疏苗使成為15～20cm的間隔。

· 下種時首先把必要的面積之草割除，削去薄薄的一層表土。輕輕壓實表面後下種。

· 下種時不可過密，稀疏的下種即可。

· 因為具有好光性，覆蓋土壤時覆蓋薄薄的一層即可，為了保持溼氣，拿些枯草來覆蓋。但也不要覆蓋過密。

· 綠紫蘇也可以作個小苗床，撒播後移植的方法也可以。

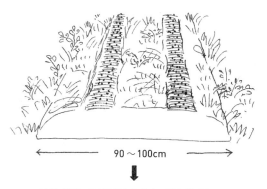

← 90～100cm →

↓

枯草或割好周圍的草之後將它覆蓋在菜畦上。

■ 發芽和疏苗

· 紫蘇約需10～15天才能發芽。因為到發芽為止的
　時間很長，乾燥時要灌水。要在傍晚時灌水，要一
　次灌足。

· 發芽後除去覆蓋的枯草，隨時疏去混雜在一起的
　幼苗。本葉5～6片時單株栽培，每株間隔15～
　20cm。

· 醃製梅子用的紅紫蘇需要量多，栽培時種植密集一
　些的話，葉片會比較大且比較柔軟。

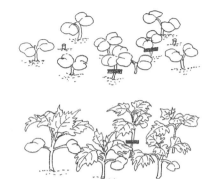

■ 移植

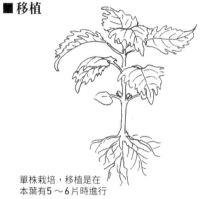

單株栽培，移植是在
本葉有5～6片時進行

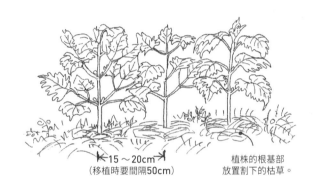

←15～20cm→
（移植時要間隔50cm）

植株的根基部
放置割下的枯草。

■ 採收

大葉（綠紫蘇、皺葉綠紫蘇）
從7月開始隨時可採摘。

醃製用的紫蘇（紅紫蘇、
皺葉紅紫蘇、紅背紫蘇）
收割整株利用葉片。

穗紫蘇（穗的下半部分
開花時）可以作裝飾用
或油炸。

果實紫蘇（穗的上面還
留有一部分花時收割下
來用鹽醃製）。

■ 採種

· 採種期是在10月前後，在果穗上結了許多種子的果莢膨
　脹、變硬，整株開始乾枯、變成茶褐色，一碰就好像種子會
　掉落時，剪下整個枝條。

· 在布巾上把果穗倒掛輕輕敲落種子。用篩子選出種子，在通
　風良好的地方再次使之乾燥，儲存於袋子或瓶子。種子約可
　保存2年。

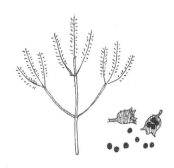

根莖類

蘿蔔
（十字花科）

原產地中海
繩文時期已傳來
日本。

（與實物一樣大）
種子

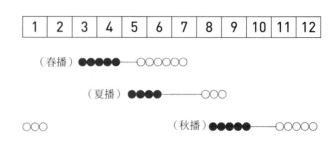

1	2	3	4	5	6	7	8	9	10	11	12

（春播）●●●●●———○○○○○

（夏播）●●●●———○○○

○○○　　　　　　　　　　（秋播）●●●●●———○○○○○

品種　品種有很多，春天下種的有「時無」，夏天下種的有「實之早生」，秋天下種的有「三浦」「大藏」等。最近有許多綠色頭的品系，作為醃漬物、煮湯用的還是以古老的白色頭的品系比較好吃。

性質　初學者也容易栽培，不必翻耕土壤也可以長得很粗大。不挑剔土壤也不必擔心連作障礙。

■下種

· 依照菜畦的寬度90～120cm播2行，更窄的話播1行，整地使適合於條播。

· 首先用鐮刀割除草，削去表土約5～10cm，大略的條播或隔3～5cm播一粒種子，草的狀態若是稀疏，為了使發芽後的小幼苗有充分的空間，也可以割除草後，用手指在地面上挖洞播下種子。

· 覆蓋土5mm即可。為了防止乾燥用手輕壓，然後再撒佈割下來的草。撒佈的草是青草或是枯草都可以，只要不防礙發芽即可。

←　90～120cm　→

■發芽和疏苗

· 發芽是依當時的氣溫和其他條件而有所不同，快的話3～5天就開始發芽。比較大的雙子葉露出地面，一離開地面就馬上展開。因為很細小，若不是過密的話等到本葉長出來之後才疏苗即可。

· 疏苗要視情況而定，可以分為數次來進行。能夠很簡單疏拔就疏拔，過密的話疏拔會搖動到土壤，也可以用剪刀剪掉。

■疏苗

· 蘿蔔是直根性的作物，是名符其實大的根（譯註：日文名為大根）。根部生長到10cm左右時可疏拔，整株洗一洗作醃漬物。這樣的大小拿到餐桌時，剛好一支一口。

· 疏拔時葉片多半會和四周的葉片重疊在一起，應留意。且要注意以最小的限度鬆動土壤。

· 疏拔後留下的空隙，要小心翼翼的回填土壤。

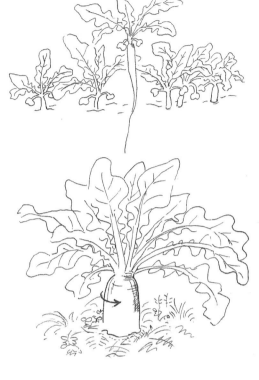

■採收

· 下種後約經過70天就可以採收。綠色頭的品種其冒出地面的部分比較長，比較容易拔出，有時候拔不出來時，逆時針稍微轉一下就容易拔出來了。

· 抽出花蕾時(花蕾從中央長出來)蘿蔔就會變硬。只留下數株採種用的，其餘的在變硬之前全部採收。

■採種

· 因為種子大型容易採集。等待由綠轉黃再轉為淡褐色即為完全成熟。然後將之割下，吊掛乾燥後攤開在布巾上，用木棍敲打使種子脫落。

■保存

· 切掉葉子的蘿蔔，如下圖那樣頭朝下埋在土裡可以保存一段時間。

· 蘿蔔切片放在竹籃曬乾，曬乾10天後即可保存。也可以把蘿蔔縱切成切片，蘿蔔的下方再切細成絲，用線串成一串曬乾。也可以試一下黃蘿蔔或其他醬油味的快速醃漬物等之保存食品。

· 葉子也可以利用，成為「干葉湯」。（＊譯註：完全曬乾後2～3束一起熬煮30～40分，熬出來的濃縮液可用來泡澡，這是日本傳統冬天溫暖身體與排毒的方式。）

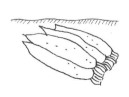

紅蘿蔔
（繖形科）

原產地中亞細亞
阿富汗

（與實物
一樣大）種子

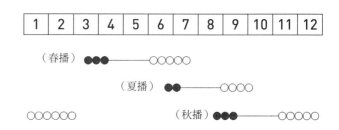

| 1 | 2 | 3 | 4 | 5 | 6 | 7 | 8 | 9 | 10 | 11 | 12 |

（春播）●●●━━━○○○○○

（夏播）●●━━━○○○○

○○○○○（秋播）●●●━━━○○○○

品種 現在幾乎都是西洋種，依長度有3寸、5寸，7寸（1寸=3.33cm）品種。自古就有的東洋種有「瀧之川」，很長、味道很強。「京都紅蘿蔔」是鮮紅色。在江戶時代據說有紅色、紫色、黃色、白色的紅蘿蔔。

性質 對於高溫、低溫的耐受度都很強。因為紅蘿蔔是和芹菜同科，好濕，要留意土壤的乾燥狀況。且要有些地力。

■下種

· 據說紅蘿蔔的種子發芽率很低，下種時種子的量要稍微多些。

· 紅蘿蔔的種子具好光性，因此覆蓋土壤時薄薄的一層能夠蓋過種子即可。為了防止乾燥，覆蓋土壤後從上方壓一壓使種子和土壤密接，上方覆蓋一些細切的草。

種子

· 下種時，若好久沒有下雨、土壤乾燥時，在下種的地方需充分灌水，使足夠潮濕後下種。

■發芽和疏苗

· 紅蘿蔔的幼苗會互相競爭而成長，因此除非很擁擠，否則等到本葉有4～5片葉片時才疏苗都可以。

· 乾燥會影響到紅蘿蔔的生長，因此覆蓋的草不要去除。

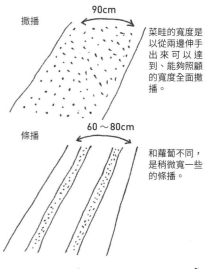

撒播

90cm

菜畦的寬度是以從兩邊伸手出來可以達到、能夠照顧的寬度全面撒播。

條播

60～80cm

和蘿蔔不同，是稍微寬一些的條播。

下種後6～10日就開始發芽。一開始看到的是細長的雙葉。

邊上很像紅蘿蔔的鋸齒狀本葉要長出來了。

■ 疏苗

· 發芽後20～30天，本葉有4～5片，確確實實有
紅蘿蔔的模樣了。過於擁擠的地方用剪刀剪掉或小
心的疏拔。紅蘿蔔很容易拔。

· 疏拔到葉片和葉片可以互相接觸的程度。

· 疏拔的苗稍微帶有橘色，並附有一條細根，徹底洗
淨後細切油炸的話很香。也可以水煮後撒上芝麻。

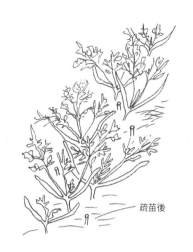

疏苗後

■ 採收

· 此後隨著植株的成長，疏拔下來的苗其葉片也很茂
盛，可以充分利用。細切之後加入料理或餅干皆
宜。

· 紅蘿蔔雖然在春天下種，到採收期還會不停地生
長，常常會到秋天才長大。高高興興的拔出來一
看，幾乎都是如右圖那般。以下情況供參考：

①莖部肥大：紅蘿蔔的中心部分肥大，當然會比較
硬。意想不到的是根往往比較小。

②鬚根多：想必是生長初期環境乾燥，根生長不佳。

③表面偏白色：因為乾燥變硬。

· 用自然農栽培出來的紅蘿蔔，即使小型但甜味夠，
生吃的話非常好吃。

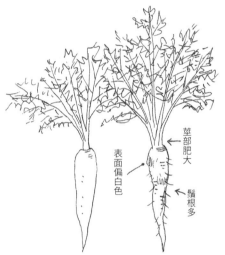

莖部
肥大

表面偏白色

鬚根多

■ 採種

· 紅蘿蔔抽芯開白色的花很像蕾絲很可愛，拿來插花
可以襯托出其他的花。

· 在果穗上的種子乾燥了之後，割下來放在布巾上打
落種子。

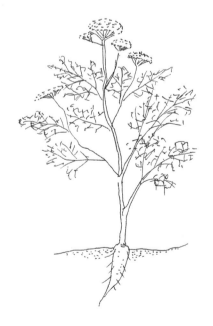

■ 保存

· 秋播的紅蘿蔔採收期很長，每次採收最好是全部使
用。要保存的話除去葉片，附著土壤的狀態用報紙
包裹放在0～5℃。

小蕪青

（十字花科）

東方的蕪青之原產地據說是阿富汗。

種子

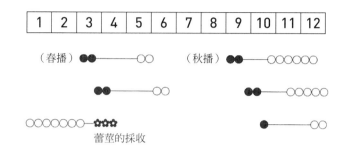

1	2	3	4	5	6	7	8	9	10	11	12

（春播）　　　　　　　（秋播）

蕾莖的採收

品種 春天七草之一的蕪青在《日本書記》和《萬葉集》已有記載，自古在日本似已有栽培。有西洋種和東洋種，在各地有許多品種。小蕪青在蕪青之中也是容易栽培的，近畿地方的「日野菜」也同樣可以栽培。

性質 據說小蕪青喜好肥沃的土壤和日照良好的場所。而且要有適度的濕氣生長會比較好。不喜乾燥。因為從下種到採收，期間很短，一次下種很多，不如錯開下種時間，少量的下種，可以隨時採收，延長採收期。

■下種（9月上旬～10月上旬）

· 小蕪青生長快速，疏苗的葉子柔軟部分很好吃，為了能夠延長採收期，可分為2～3梯次下種。

· 菜畦寬度不大時也可以撒播整個菜畦，一般是採用比較好照顧的條播方式。

· 除去下種寬度10cm左右的草，要下種的區塊，削平土壤表面整平後用手輕壓。

· 因為種子很小，一不小心就會下種過量，要均勻的播下，覆蓋土壤要剛剛好能夠把種子蓋過的程度。再用手輕壓以防乾燥。

· 最後覆蓋枯草或是割下的青草，這也是為了防止乾燥。考慮到種子的大小和發芽所需的日數，調整覆蓋在種子上面枯草的葉片大小和數量。若覆蓋過多比葉子寬的草，將會阻礙發芽。

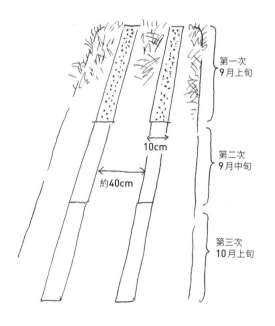

第一次
9月上旬

10cm

約40cm

第二次
9月中旬

第三次
10月上旬

■ 發芽和疏苗

· 快的話3～4天就會發芽。

· 因下種的技巧有所不同,從比較密的地方開始疏苗使之不致於過密,疏苗時可分為數次來疏苗。

· 當地力不足時葉片帶有黃的顏色,此時(約5～7cm左右)薄薄的撒一些米糠。用手彈去掉落在葉片上的米糠。

· 此時蕪青(根部)約有1～2cm大小,從地上部約可以看到的程度。擁擠的地方或比較小的苗先疏苗,連葉子一起醃漬。或是,蕪青切片用鹽搓揉後,和著川燙過的葉片,可作成各式各樣的拌菜。

(發芽後20天左右)

(發芽後50天左右)

■ 採收

· 根部肥大後從大的開始採收。拌醋、芝麻、花生或者是醃漬後都好吃。葉片用炒的,白色的蕪青可以做火鍋或濃湯。

春天抽蕾後的蕾莖也可以與白菜一樣食用。

■ 採種

· 第一代雜交種的小蕪青似乎比較多,但蕪青的鄉土色彩比較強,各地有各地的原生品種。

· 像那樣的品種必須採種,但十字花科是很容易雜交的作物,要採種時盡可能要隔離栽培。

· 採種的要領依白菜的方式進行。

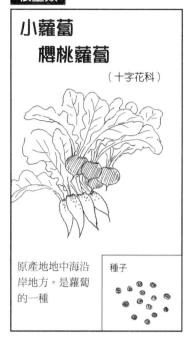

小蘿蔔
櫻桃蘿蔔
（十字花科）

原產地地中海沿岸地方。是蘿蔔的一種

種子

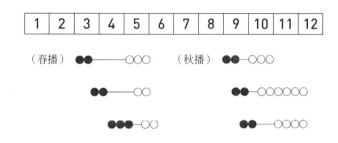

1	2	3	4	5	6	7	8	9	10	11	12

（春播）●●———○○○　　　（秋播）●●—○○○

●●●—————○○　　　　　　●●—○○○○○○

●●●—————○○　　　　　　●●●————○○○

品種 小蘿蔔（櫻桃蘿蔔）正如日文別名二十日大根所稱，生長期間短就可以採收。有各式各樣的形狀、顏色的品種。

・紅色、球形種：赤丸二十日大根、Commet、Red Chime

・紅白色、球形種：紅娘、Super Cooler

・紅色、長形種：Long、Scarlet

・白色、球形種：White、Cherish

・白色、長形種：White、Icicle小町

性質 和蘿蔔一樣喜好冷涼的氣候，根很小、生長期間很短的極早熟種。很容易栽種，但在高溫的情況下容易徒長，有時會種不好。採收期間很短，轉眼間就結束了。所以要少量下種或把下種時期錯開，可以逐次採收。

■下種

・春播從3月初開始到5月上旬，分為三次下種，把下種時期錯開，享受更長的採收期與樂趣。

・假設要在寬約1m的菜畦上條播2條。選擇日照良好、排水佳的地方。割除2條寬約10cm的草。用鋤頭稍微削去表土整平後、稀疏的下種。若播的過密時，疏苗就很費工。

・為了防止乾燥，覆蓋土壤後從上方壓一壓使種子和土壤密接，再從周邊割下草覆蓋一些在上面。

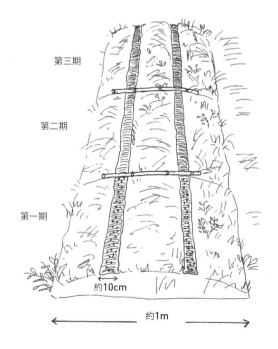

第三期

第二期

第一期

約10cm

約1m

■ 發芽和疏苗

- 下種後3～5天就發芽了。當雙子葉開始要
  張開時，除去上面覆蓋的枯草。
- 此時過密的地方要疏苗，用剪刀剪掉。
- 發芽後經過2星期，本葉長出3～4片。擁
  擠的地方要疏苗，保持鄰接植株之間的葉片
  稍微接觸的程度即可。

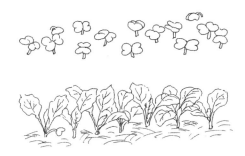

■ 生長和採收

- 下種後經過40～50天，植株圓的根部
  浮出地面是採收的適當時期。
- 錯過採收的適當時期則會有裂痕。球根
  的地方有2～3cm突出的形狀時就可以
  採收。葉片也可以吃。

正常的形狀　　　　株距太窄　　　　高溫期栽培時　　　　採收太遲或下雨，
　　　　　　　　　　　　　　　　　　　　　　　　　　中水分急速變化

■ 採種

- 秋天下種的在早春；春天下種的在6月過後，植
  株的中央抽出花芯開始開花。
- 很像蘿蔔的花。花謝了結莢果，莢果由綠色轉變
  成淡茶色乾枯時，就如同蘿蔔或白菜一樣，割下
  來放在布巾上打落種子。吹去雜質曬乾後儲存於
  瓶子或袋子。

↑
種子的莢果

洋蔥

（百合科）

原產印度西北～
中亞細亞阿富汗
附近

種子（與實物一
樣大）

1	2	3	4	5	6	7	8	9	10	11	12

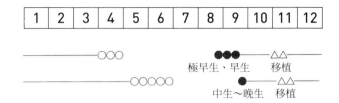

極早生、早生　　移植

中生～晚生　　移植

品種 以採收期來分的話，有8月下旬到9月中旬下種，4月採收的早生種(貝塚早生、愛知白)；9月中旬到下旬下種，6月採收的中生到晚生種(淡路中高、泉南中高)是儲藏用，又生食用的紅洋蔥(湘南紅、猩猩紅)辛辣，品種比較少。

性質 洋蔥喜好排水良好、有濕氣的土壤。也要有某程度的地力。

■下種

　　洋蔥的栽培，依品種的不同，下種時不要錯過其適當的下種期是非常重要的。若過早下種，在進入寒冬之前植株會過於肥大，而且早春基部尚未結球之前就開花；若下種過遲，基部不會肥大。在下種之前，要選擇肥沃的菜畦，就好像在製作秧苗的苗床一樣，在2～3個月前就補充穀殼準備妥善。若在下種前才施肥，則幼苗時營養過多，說不定會成為提早開花的原因。

- 洋蔥不喜好乾燥的地方，苗床要選擇排水良好、有濕氣的土壤。
- 雖然種洋蔥是自給自足，但因可以儲藏，所以幼苗可以多製作一些。撒播整個菜畦或以10～20cm的寬幅條播。
- 在下種前用鋤頭把土壤壓實，下種後覆蓋土壤約4～5mm，然後再壓實。
- 為了防止乾燥可覆蓋稻草。種子若不新鮮恐怕不會發芽。

整個菜畦撒播

如果不是新的種子，
恐怕不會發芽。

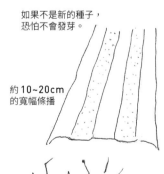

約10～20cm
的寬幅條播

■發芽

- 早的話第5天就開始發芽了。像針頭一樣小不容易分辨，要捲起稻草看一下來確認。
- 全部都發芽了之後，細心的移除稻草，不要傷害到幼苗。
- 此時其他草長出來的話要勤快的拔除。洋蔥的幼苗很小，為了不輸給其他的草，就必須和水稻的育苗一樣，覆蓋土壤時不要混草的種子。

■ 疏苗

· 苗過於擁擠時要謹慎的疏苗。植株的間隔約2～
  3cm即可。

· 大約長到5～6cm高時，苗若長得不好，可以考慮
  薄薄的撒一些米糠。但必須留意不要補充過多。

■ 移植（11月中旬～下旬）

· 夏天割除長得茂密的草擱一段時間後，選擇地力佳
  的菜畦來移植。苗長到15～20cm的大小即可。

· 植株與植株間的距離約15cm，撥開枯草挖個孔
  穴，把幼苗確實的放入。

· 和移植秧苗同樣的要領，幼苗放入孔穴後，埋入
  「遺骸之層」並覆蓋枯草。

· 數量多時牽引一條繩子，挖好一列孔穴後才移植，
  工作進展會比較順利。

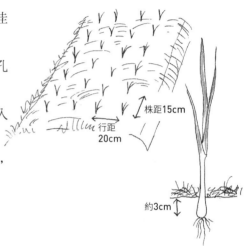

■ 割草和施肥

· 移植後，苗的根伸張出去挺立時，是移植後經過大約10天。其後視需要，薄薄的施1～
  2次的米糠或菜籽粕。但必須留意不要補充過多，將之撒在枯草上（不要直接撒在幼苗
  上），輕輕的在植株之間拍動一下。

· 1月和3月前後，這也是要依當場的狀況而定，草的勢力過強時割下草覆蓋在菜畦上。

· 在寒冷的地方會擔心下霜，但因為用自然農栽培，在草床中種植幾乎可以不必擔心下
  霜。

■ 採收

· 洋蔥要長得多大，依照地點的不同想必各有
  不同，不管是大或小，只要是洋蔥的頂端細
  細的而且很結實的話，就是好的洋蔥。

· 若不留意讓洋蔥抽芯了，洋蔥會呈橢圓形，
  頂端肥大沒有活力。

· 進入6月一部分的葉片開始枯萎自然倒下
  時，即使葉片還是綠色，也可以採收吊掛起
  來長期保存。

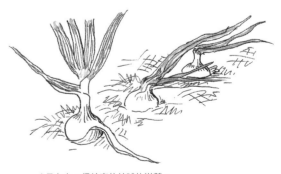

6月左右，很結實的結球的洋蔥。

■保存

· 在晴朗的天氣時拔出洋蔥，放在菜畦上曬太陽半天使乾燥。

· 然後在通風良好的庭院曬乾2～3天。

· 在屋簷下可吊掛的地方，如右圖那樣數個綁在一起吊掛起來。

· 依洋蔥的狀況而會有不同，通常可以保存到11月。

· 沒有場所可以吊掛時，把葉片從頂端切掉，充分乾燥後放入通風良好的容器內，並保存在陰涼通風的地方。

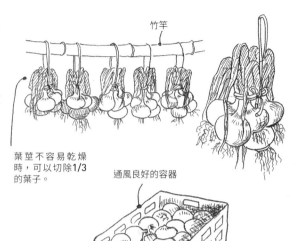

竹竿

葉莖不容易乾燥時，可以切除1/3的葉子。

通風良好的容器

■採種

· 洋蔥的採種，在開花時剛好是梅雨季，據說種子的成熟很困難，可以用下列方法試試看。

· 在夏天採收吊掛起來保存的洋蔥當中，到了10月上旬至下旬時，再次拿到菜園去種植。(菜畦的寬度60～90cm，株距45cm) 在夏天呈現休眠狀態的洋蔥，一個會長出許多新芽。到了6月抽出圓形的花蕾，薄薄的外皮剝開後，開了許多白色的小花。

· 不久就可以看到黑色的種子，收下來放在紙上鋪開，打落種子，充分乾燥後保存。

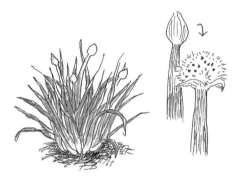

◎據說洋蔥種子放久了就不容易發芽，所以每年要全部用完。

最後提醒一件事

轉換成自然農不久的菜畦，只能夠採收到小型的洋蔥，這種小型的洋蔥也是很出色的一個生命，而且非常好吃。試試看用整個洋蔥做湯。

牛蒡
（菊科）

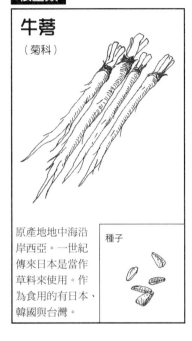

原產地地中海沿岸西亞。一世紀傳來日本是當作草料來使用。作為食用的有日本、韓國與台灣。

種子

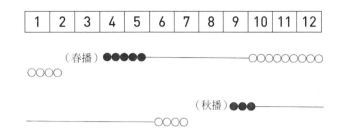

1	2	3	4	5	6	7	8	9	10	11	12

（春播）●●●●● ○○○○○○○
○○○○

（秋播）●●●
○○○○

品種 品種並不多，大致上來分有細長形，長度達1m的滝野川系牛蒡，和粗大而短有時中間有空洞，柔軟而好吃的大浦系牛蒡。

性質 一般都認為牛蒡若不深耕的話就無法栽種，其實是和其他的根菜類同樣，在沒有耕耘的菜畦上也可以充分生長。而且是柔軟又好吃。據說有連作障礙，種植的菜畦要年年更換地點也許能夠平安無事。選擇日照良好的場所，排水良好，多少有點肥沃的地方才會生長良好。

■下種

· 牛蒡的種子又黑又硬，是容易自家採種的作物之一。

· 牛蒡的種子喜好陽光，但不喜好乾燥的地方，下種時必須要顧慮到。

· 選擇日照良好，多少有點肥沃的地方，在下雨之前下種是比較理想的。

· 寬度1m的菜畦播2條的條播(依菜畦的寬度也可以播1條)。割除下種寬度10cm左右的草，要下種的部分削平土壤表面整平。

· 用手輕壓土壤整平，以寬鬆的間隔播下種子。

· 因為是好光性，覆蓋土壤要薄薄的、剛剛好能夠把種子蓋過的程度。覆蓋土壤後從上方壓一壓，為了防止乾燥，在上面覆蓋一些從周圍割下的草。

■發芽和疏苗

· 下種後約一星期就發芽了。在雙子葉都長齊之後，移除上面覆蓋的枯草。

· 假使過密的話，雙子葉時期也可以疏苗，在本葉有2～3片時疏苗的話，拔起來的苗雖然小，但整株可以當作金平牛蒡來吃。

· 這個時期的疏苗牛蒡，如果是春播的話，莖的苦味反而變得很美味，可漸次疏苗食用；因此疏苗這種繁雜的作業也會令人開心。

· 疏這種年輕的牛蒡苗時，必須留意不影響周圍其他的苗，用左手輕輕壓住土壤，用右手慢慢穩穩地往正上方拔。拔苗時不要拉莖或葉子，而要抓住莖與根之邊界再往上拔。

· 這種疏苗時的幼小牛蒡稱為葉牛蒡，葉片會苦，除去葉片，莖和根洗後作成金平牛蒡或油炸後來吃。風味佳，根的部分(牛蒡)尤其柔軟非常好吃。

· 疏苗到最後是：滝野川系間隔10cm、大浦系比較粗大間隔15～20cm。

■生長

· 夏天各種草都長得茂密，為了牛蒡葉片之日照不受到妨害，時時要去割草。割下的草就放在牛蒡的根基部。

■ 採收和保存

- 牛蒡的採收，看起來無論如何都須要耕耘菜畦，然而應留意不要有無謂的作業去破壞菜畦。

- 首先只要在想採收的牛蒡之一側挖掘20cm，確認牛蒡在土壤中的態勢，稍微前後左右搖動看看，短的牛蒡的話，抓緊牛蒡慢慢的拉就可以拔出來。

- 長型的牛蒡的話要再次挖掘，並在另一側的土壤也要挖掘，拉拔的手儘量抓住牛蒡的下方，小心緩緩的拔。可以稍微向左旋轉慢慢拔出來。

- 春天下種的，到了夏天就可以享受幼小牛蒡，真正的採收期，則是要等到地上部開始枯萎後隨時可以採收，大約在2月左右為止。到了春天第2年的幼芽長出來時，根部會有網目，變硬。

- 挖掘過多的牛蒡若要保存，數支綑綁成一束，埋起來可以維持很長的時間。連接莖的那一邊露出地面2～3cm長長的埋下。

■ 採種

- 牛蒡的花和菊科的薊很類似。下種後第二年的夏天，有人的身高那麼高的花柱，質樸但給人強而有力的感覺。

- 花謝了後，割下牛蒡的莖和乾枯後的花，撥開取出其中的種子，從一朵花可以得到許多種子。

- 吹去灰塵和種子外側的屑，種子再次曬太陽，充分乾燥後保存於瓶子內。

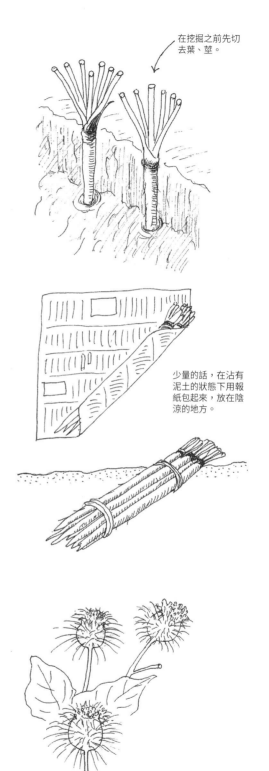

在挖掘之前先切去葉、莖。

少量的話，在沾有泥土的狀態下用報紙包起來，放在陰涼的地方。

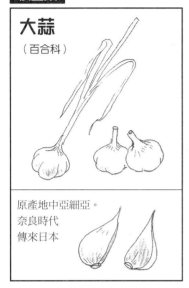

根莖類

大蒜

（百合科）

原產地中亞細亞。
奈良時代
傳來日本

1	2	3	4	5	6	7	8	9	10	11	12

●●●●————————
（越暖和的地方越能晚下種）

————————○○○

品種 適合於寒冷地栽培的有，White 6片、福地 White等品種。適合於溫暖地栽培的有壹州早生、上海早生等品種。

性質 具有特殊的臭味，各式各樣的料理裡面，都珍視這種藥味。大蒜喜好寒冷的氣候，但耐寒性並不強，耐熱性也弱。過早種植的話，到冬天時會長得過大，易遭受寒害；過遲種植時會長不大就開花。因此要點是依各品種適合的土地、適合的栽種時期去栽種。大蒜不喜乾燥，在有肥力的土壤會長得好。

■ **下種**（鱗片的種植）

鱗片要仔細的一個一個的分開

　從園藝店、種苗商店購買蒜頭時，首先要確認品種，下年度開始就從採收的蒜頭保存起來使用。剝去包裹蒜球之薄膜，6～10個鱗片要仔細的一個一個分開。檢視除去有發霉、腐爛、過於乾燥而有皺紋的。選擇的每一個鱗片重量都要有5g以上。

· 到了9月，長得茂密的夏天的草也要開始衰弱時，把草的地上部割除鋪在菜畦上面。

· 在8月先稍微補充一些米糠，培養一下地力會比較好。

· 撥開菜畦上覆蓋的枯草，間距30cm、株距 15～20cm挖掘植穴。

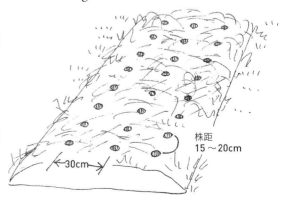

株距
15～20cm

←30cm→

- 利用繩子牽引，事先挖掘植穴，工作會比較順利。
- 植穴挖掘深一些，種下鱗片(種子)時，尖的一邊要向上面。鱗片(種子)上面覆蓋5cm的土。
- 覆蓋土壤後用手輕壓，再覆蓋枯草以防止土壤變乾燥。

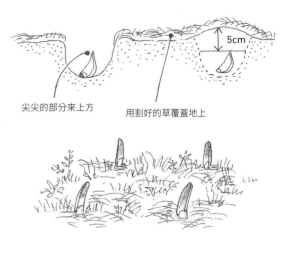

尖尖的部分來上方　　　用割好的草覆蓋地上

■發芽
- 發芽約需10天到2星期的時間。

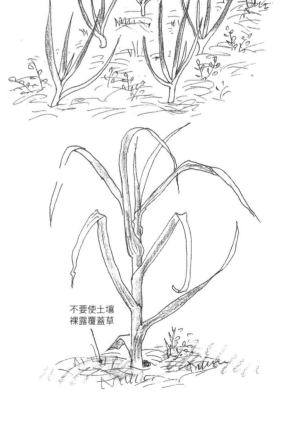

■從秋天到冬天
- 長到葉片有約20cm長時，薄薄的補充一些米糠或菜籽粕也可。
- 補充的時候，是在下雨之前進行比較好，米糠或菜籽粕掉落在葉片上時用手輕輕彈落。
- 冬天的草在大蒜的周圍叢生時，隔一行割掉草，並將之鋪在菜畦上。

■2月～4月
- 在冬天裡停止生長越冬。在這段期間要顧慮到不要使土壤裸露。
- 進入2月再次開始生長，到了4月植株已高達約70～80cm。
- 若莖幹過細時，也可以再補充一些米籽粕。

不要使土壤
裸露覆蓋草

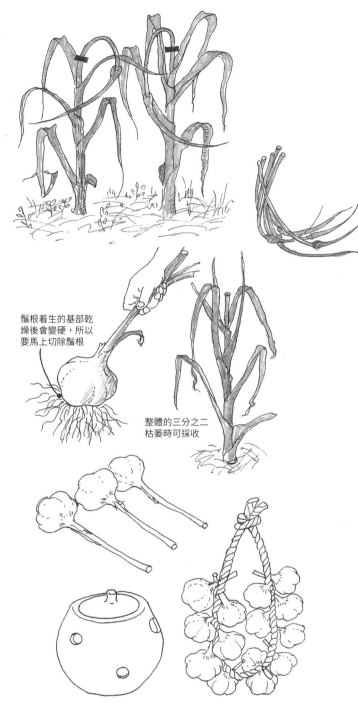

■摘除花芽

· 進入4月天氣暖和後，花芽開始抽出來。若置之不理，地下的蒜頭長不大，花芽伸長達30cm左右時用手摘除花芽。

· 用手能輕易的折斷花芽是最佳時機，過了這個時期就太硬不容易折斷。花芽可以吃。

■採收

· 5月中旬到6月，莖幹和葉片大約有三分之二枯萎時是採收的指標。

· 在連續幾天都會是晴朗的天氣時，整株拔出來，抖落附着在根部的泥土，切除鬚根，曬太陽。

· 放在田園或庭院裡，以日光和風來乾燥約2～3天。

· 莖幹和葉片乾了之後，以容易保存的長度切斷莖幹，綁起來成一束吊掛。吊掛在屋簷下通風良好的地方。

鬚根着生的基部乾燥後會變硬，所以要馬上切除鬚根

整體的三分之二枯萎時可採收

■保存

· 在廚房馬上要使用的保存方式，推薦使用大蒜罐。開有通風口、有蓋子的素燒陶罐，有各種大小及形狀。素燒的陶罐能吸收水分，可以使大蒜不會發霉並長期保存，是廚房有趣的道具之一。

芋頭

（天南星科）

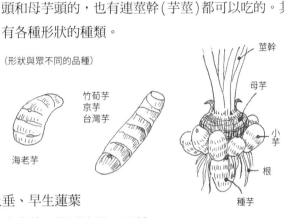

原產地印度東部及中南半島；在繩文時代比水稻還早傳入日本

種芋

| 1 | 2 | 3 | 4 | 5 | 6 | 7 | 8 | 9 | 10 | 11 | 12 |

●●●●● ───────── ○○○○○
○○○○○○○○○

品種　芋頭依品種的不同，有吃小芋頭的，有吃小芋頭和母芋頭的，也有連莖幹(芋莖)都可以吃的。其他有各種形狀的種類。

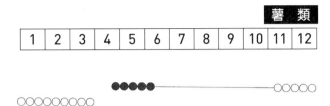

(形狀與眾不同的品種)

竹筍芋
京芋
台灣芋

海老芋

莖幹
母芋
小芋
根
種芋

・只吃小芋頭的品種：石川早生、土垂、早生蓮葉
・小芋頭和母芋頭都可以吃的品種：赤芽芋、諧磊培斯、八頭
・連莖幹(芋莖)都可以吃的品種：八頭
・只吃莖幹(芋莖)的品種：水芋、蓮葉芋

性質　芋頭是熱帶地方的食物，喜好濕氣和高溫。因為不喜乾燥，有大的葉片可以防止自己根部土壤的乾燥。雖說不挑剔土質、也可以連作，但連續種2～3年後還是稍微休息一下比較好。喜好強的日照但不會乾燥的地方比較好。

■ 種芋的栽種

・種的芋是去年度的小芋頭，刻意不去採收，留存在土裡作為種芋(若沒有的話要到種苗店裡去買，3月時開始賣)，從當中選擇沒有傷口的健康的小芋頭。
・大小有5～6cm比較好。
・4月挖掘出來的都已經開始發芽及長出根了，但無所謂。
・準備畦寬60～90cm左右的菜畦，株距維持60cm，挖掘直徑30cm、深20cm的植穴。

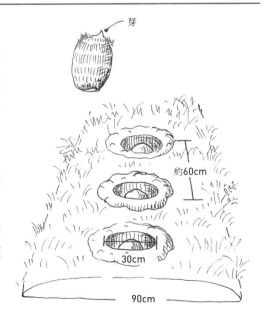

芽

約60cm

30cm

90cm

■培土

· 芋頭是在種芋的上面長出母芋頭,然後在其節上長出小芋頭,然後再長出孫芋頭,所以要培土1～2次。其方法說明如下:

① 首先把小芋頭芽朝上,放在直徑30cm、深20cm的植穴中,其上覆蓋挖掘出來的土,大約小芋頭的兩倍厚度。

② 地溫在15°C以上時開始發芽,第1葉、第2葉長出來後,莖開始伸長,5月下旬到6月上旬前後,把挖掘出來的土,如圖一樣覆蓋回去,不要蓋到葉片。

③ 葉片再次長大時,要做第二次培土,6月下旬到7月上旬為指標。

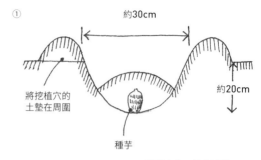

① 約30cm
約20cm
將挖植穴的土墊在周圍
種芋

芽朝上放,但也聽說故意放反或橫的方式也有。

②第一次培土

· 如右圖一樣,最後把挖掘出來的土全部覆蓋回去,而且要有隆起來之形狀的培土。

· 如此做則即使下雨積水也不會傷害到芋頭。同樣的理由,①②的場合也是不會傷害到芋頭,適當的濕氣可以傳送。

· 最後割取周圍的草放在植株的根基部,以防止乾燥。

· 此後即使稍微被草覆蓋也不必擔心,只要留意不要連芋頭的葉子都被草覆蓋即可。

· 如果腋芽生出來可以除去,以便增加小芋頭的採收量。

③第二次培土

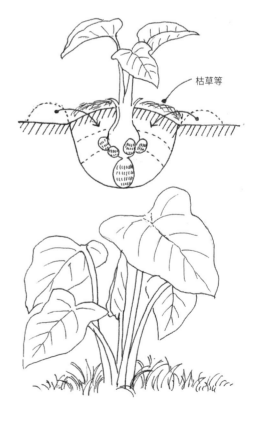

枯草等

■採收

· 八頭品種芋莖的採收是8月前後，自植株的外側剝下芋莖來利用。從每1株每次採收 點點，到了秋天，母芋頭、小芋頭都可以採收了。

· 芋頭的採收是進入11月後開始，只採收需要的。在種芋的上面長出母芋頭，然後在其周圍又長出許多小芋頭。赤芽芋、諧磊培斯、八頭等品種的母芋頭都可以吃，鬆鬆嫩嫩非常美味。

· 採收時不要動到不必要動的土，整理菜畦使成為原來的樣貌。

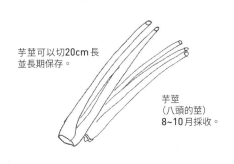

芋莖可以切20cm長並長期保存。

芋莖（八頭的莖）8~10月採收。

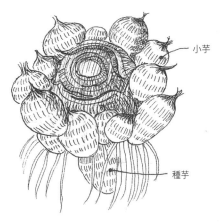

小芋

種芋

■保存（食用與種芋）

· 芋頭保存的適當溫度為7～10°C。

· 要保存芋頭到春天的方法是不要去挖掘出來，原原本本的保存在園裡。此時為了防止低溫和霜害，覆蓋許多稻草或乾枯芒草在根基部即可。

· 一旦挖掘出來後，保存的方法是選擇日照良好、排水佳的地點，挖掘60cm左右的洞穴。挖掘出來的芋頭，切去芋頭的莖幹，母芋頭和小芋頭不要弄散，以連在一起的狀態倒着放入。放好後蓋上許多稻草、乾枯芒草或舊的草蓆，然後再覆蓋5～10cm的土。每次取出需要的量。

稻草、茅草等

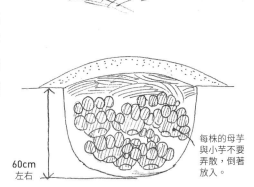

60cm左右

每株的母芋與小芋不要弄散，倒著放入。

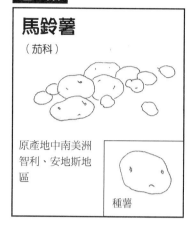

馬鈴薯
（茄科）

原產地中南美洲
智利、安地斯地區

種薯

| 1 | 2 | 3 | 4 | 5 | 6 | 7 | 8 | 9 | 10 | 11 | 12 |

（1年可以種兩次）

品種　馬鈴薯有凹凸，煮的話容易鬆散掉卻鬆軟好吃的是男爵品種。和男爵很類似，煮的話不容易鬆散掉，適合於關東煮的是農林1號品種。圓形、皮紅、裡面黃色的是安地斯品種。細長形少有凹凸，煮的話不容易鬆散掉的是麥昆品種（May Queen），芽的周圍紅色、中間是黃色的是向日葵品種等，有種種品種。適合秋天種植的有出島品種和農林1號品種。

性質　因為是茄科作物，避免在番茄、甜椒、茄子之後種植，適合冷涼的氣候，在高溫、低溫下都不生長。和洋蔥一樣，儲藏性高是不可或缺的作物。

■種薯的栽種

· 種薯若比雞蛋小時可以整個來栽種，大的話可以切成2～4塊來栽種。此時每一塊要保留1～2個芽。

· 有人習慣用草木灰來塗抹切口，但自然農的土壤是健康的，覺得沒有那種必要。曬太陽使切口乾燥就可以了。

· 食用的馬鈴薯在凋萎後，拿來當作種薯使用也可以長得很好。但是市面上賣的食用馬鈴薯，有些是為了阻止發芽而照過核輻射線，應留意。

· 栽種的時期是在沒有下霜疑慮的3月上旬到3月下旬為指標。在暖和的地方從2月下旬開始也可以。

· 選擇前作沒有栽培茄科作物(番茄、甜椒、茄子)的菜畦，因為不喜好濕氣，要提高菜畦的高度以利排水。栽種的植株間隔約30cm，2條的間隔40～50cm。

· 撥開冬天、春天的草，只在要栽種的地面挖植穴，芽朝上種下，覆蓋同等分量的土壤。

約10cm　種薯

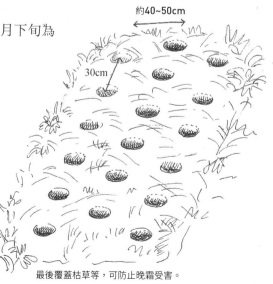

約40~50cm

30cm

最後覆蓋枯草等，可防止晚霜受害。

■ 發芽和摘除多餘的芽

· 發芽後若是會有下晚霜的樣子時，在芽的上面覆蓋一些土壤或枯草。

· 一個種薯多半會長出5～6支新芽，若放任它生長的話，採收時馬鈴薯會很小，所以只留1～2支粗的芽就好。

留下1～2支新芽，其他都去除。

用手壓住種薯用手緩慢的抽出摘除多餘的芽。

■ 生長

· 在競爭不過周圍的草的地方才要割草。

■ 採收

· 花開完之後下面的葉片開始變黃乾枯時，選擇好天氣、土壤乾燥的日子挖掘馬鈴薯。避免在雨停後馬上去挖掘。

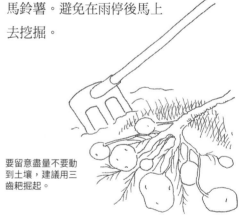

要留意盡量不要動到土壤，建議用三齒耙掘起。

■ 保存

· 馬鈴薯挖掘出來後風乾，上面附著的土壤充分乾燥後(不耐潮濕)放入紙箱或容器，放置在冷涼黑暗的地方保存。

■ 有關種薯

· 6月採收的馬鈴薯在普通的家庭要保存到明年春天是有些困難的。

· 可從8月再次栽種於11月採收的馬鈴薯當中，選出種薯，風乾後放入大紙袋保存。

· 保存的適當溫度是5˚C左右，謹供參考。

甘藷

（旋花科）

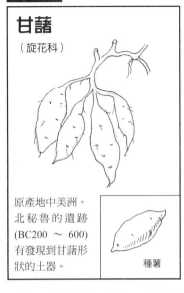

原產地中美洲。北秘魯的遺跡（BC200～600）有發現到甘藷形狀的土器。

種薯

| 1 | 2 | 3 | 4 | 5 | 6 | 7 | 8 | 9 | 10 | 11 | 12 |

●●●————△△△————————○○○○
（採種種薯）　（藤蔓的移植）

品種　有許多種類，選擇自己喜愛的2～3種來種。

紅色系統（紅東國）：紡錘形、甜味超強、多收。

・紅薩摩：味道佳自古即被人所喜好。

・紅赤或金時：容易只有藤蔓繁茂，地瓜收成則不佳，但外皮顏色形狀美觀又好吃。改良為烤番薯用。

・紅隼人：中間的顏色很濃，被利用於製甜點用。

・高系：全國都有栽培，很容易栽培但可以採收的苗少，需要溫度。

白色系統（小金千貫）：收量多的（紅東國）之親本，栽種作為製造澱粉和釀酒的原料。

・隼人：中間的顏色接近於橘色，甜又好吃。

・安納芋：稍微帶有紅色的皮，中間的顏色是橘色，甜味超強又好吃。

紫色系統（山川紫）：中間的顏色是鮮艷的紫色，紅色的皮，甜味淡。

・種子島紫：皮是白色系統，中間的顏色是越成熟越呈現鮮艷的紫色，有甜味。

性質　甘藷是所有蔬菜當中最喜好高溫的種類之一。被稱為解救饑荒的作物，在貧瘠的土地也長得很好，自給性很強的作物，喜好排水、日照良好的地方。

■栽種種薯（3月中旬～4月上旬）

・採集幼苗的甘藷就稱為種薯。和馬鈴薯不一樣，從種薯切取發芽後長出來許多的藤蔓狀的芽，以這些當作幼苗。要依照需要決定其種類及數量。通常1個甘藷可以採收到15～30支幼苗。

較小
200～250g 的薯

・種薯以重200～250g左右的比較好不要太大。芽的數目依品種和溫度而異，與種薯的大小無關。

・冬天保存的狀態好的，切下先端後會有白色汁液流出來那樣的比較好。

・有個說法說栽種前用48°C的溫水浸泡40分鐘，幼芽會快些長出來，同時可以預防黑斑病，但因九州氣候比較溫和，沒有試過，下次想試一試。

・在60cm左右的菜畦，株距約50cm，1處1個的栽種，幼芽會長出來那邊朝上，覆蓋5～6cm的土壤。

5cm

- 在關東以北的地區，露天栽培幼苗也許會有些困難。此時像右圖那樣，用竹子或其他的資材做成拱門狀，上面覆蓋塑膠布作成簡易溫室，也是一種方法。
- 塑膠布之廢棄物處理比較麻煩，依需要也可以用其他的資材先備用，以便之後也可利用於別的作物。(請參考p.212「有關溫室和溫床」)

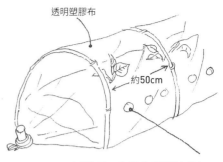

透明塑膠布

約50cm

打通氣孔，或時而打開塑膠布換氣。

■採集幼苗

- 在5月下旬到6月中旬間，藤蔓性的幼芽有好幾支茂盛的伸長出來。從先端算起來在7～8葉處用銳利的剪刀剪下成為幼苗。
- 長的幼苗若少的話，有葉片着生的節有3個的話，雖然是短一些也是很好的幼苗。
- 若無法馬上栽種的話，用濕報紙包裹放在冷、暗的地方保存。
- 幼苗可以分好幾次採集，每次要栽種時才採集，在農忙時可以有效率的利用很短的時間。

■幼苗的栽種

- 選擇排水佳、日照良好的場所。菜畦的寬度約60cm即可，寬的菜畦可種2列，夏天時可以栽種在番茄或苦瓜往上伸長後的根基部。
- 連作是可能的，在松尾農園十年以來在同一地點連續栽種。(但從冬天到春天休耕，不種植任何作物)
- 前作以種花生最好，可以防治根瘤線蟲，但在不耕耘的自然農，年數越多土壤也越健康，不需費心照顧也可以種出漂亮健康的甘藷。

25～30cm

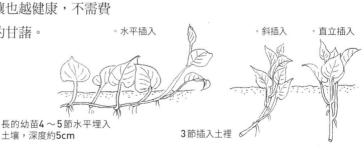

。水平插入　　　。斜插入　　　。直立插入

長的幼苗4～5節水平埋入土壤，深度約5cm

3節插入土裡

123

- 栽種後，菜畦全面覆蓋從周邊割下來的枯草，連幼苗的上面也蓋上以防止乾燥。
- 栽種後1星期到10天的時間就成活了。對乾旱耐力很強，成活後1個月受到水分的滋潤後就促進發根、生長。
- 栽種時期雖然是梅雨季節，但是還是要在將要下雨之前的傍晚種植比較好。

■藤蔓的生長和割草

- 1個月後藤蔓開始伸長，伸長到約3m時，鄰接的菜畦不會受到影響反而是覆蓋了地面，對其他的作物的生長有所助益如黃秋葵、番茄、茄子、苦瓜。
- 到了夏天氣溫上升，其他的草也茂盛。在藤蔓尚未和草纏繞在一起以前，割草比較好。若葉片被草覆蓋的話，無法製造澱粉，收量減少。

到了9月藤蔓會茂盛，覆蓋整個菜畦。

- 此後幾乎可以讓其成為放任狀態，但是時常要把藤蔓提高把伸長出來的藤蔓長出的根從地面切斷，才可以採收到大的甘藷。
- 藤蔓先端的葉柄可以吃，淡淡的味道做成金平(譯註：一種日本的家常料理方式；油炒後用醬油調味。)非常好吃。在夏天葉菜類稀少時對餐桌很有助益。

■採收

- 首先從地上莖幹的地方切斷藤蔓暫時放在畦溝或隔壁的菜畦。
- 利用三齒耙或是圓鍬自莖幹的周邊開始挖掘，儘量不要動到太多的土。
- 如左圖那樣大致上會連在一塊，儘量連着莖一塊挖掘出來。(可以長久保存)
- 採收的指標是栽種後120～150天。
- 挖掘後整理菜畦，覆蓋上暫時放在別處的藤蔓，不要讓地表裸露。

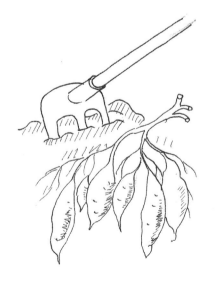

■有關保存以及種薯

（需陰乾）

· 挖掘出來的甘藷除去泥土(不要洗)，各品種分別陰乾放置1星期。如此水分含量多的也會失去水分，增加甜味。

· 甘藷在5°C以下會開始腐爛，所以要保存在暖和、有適當濕氣的地方。

（有關儲藏）

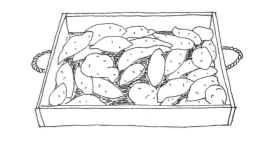

· 年內吃得完的放在容器內保存。採收非常多時必須要有低溫對策。

· 在松尾農場※是在儲藏室挖掘洞穴，內側鋪稻草放入甘藷，上面蓋上許多稻殼，最後蓋上木板並且用石頭鎮壓以防止老鼠偷吃。

· 儲藏的方法依地方或家庭有所不同，在地上做個儲藏室或挖地下室放進去、更冷的地方做個溫床放在上面保存。

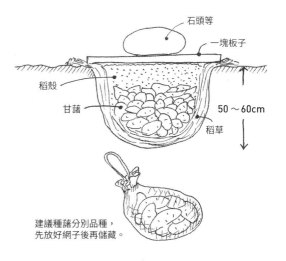

石頭等
一塊板子
稻殼
甘藷
50～60cm
稻草

建議種藷分別品種，先放好網子後再儲藏。

· 去年我在家試用成功的方法，任何家庭都可以做得到的，在此介紹。每個甘藷用報紙包起來放在附有蓋子的發泡棉箱子內，再放在廚房接近天花板之櫥櫃或冰箱上面。廚房會煮東西所以比較暖和，也有適當的水氣，同樣不耐低溫的薑也可以用這個方法。甘藷很適合孩子的點心，可以試試不同的調理方式。

※松尾農場位於福岡，以自然農種的蔬菜來生存的農場，已經超過十年了。

有關種薯的儲藏

· 盡量從10月底以前挖掘出來的甘藷當中來選擇，要埋入土中保存的也要在10月底以前完成。一定要選狀況良好的來當種薯。

· 選擇皮沒有受傷傷口的，可能的話盡量選擇不要從莖幹切斷(如前頁的圖)的甘藷。

豌豆
（豆科）

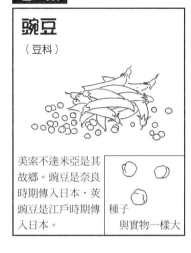

美索不達米亞是其故鄉。豌豆是奈良時期傳入日本，莢豌豆是江戶時期傳入日本。

種子
與實物一樣大

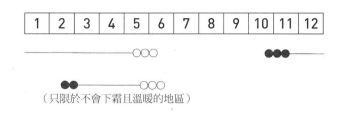

1	2	3	4	5	6	7	8	9	10	11	12

（只限於不會下霜且溫暖的地區）

品種　豆莢豌豆：

・這是連莢一起吃的品種，有白花種、紅花種，以植株高度來分，有藤蔓、無藤蔓，依豆莢的大小分，小型(伊豆紅花)、大型(法蘭斯大莢、荷蘭大莢)。

・豌豆仁：豌豆還是青綠的時候採收食用的種類分為有藤蔓、無藤蔓。

・甜豌豆：連莢一起吃的品種，其中的豆大而柔軟，分為有藤蔓、無藤蔓。

性質　前作避免種植豆科作物比較好。在日照充足、排水良好的地方栽培應不至於失敗，生手也能享受採收之樂趣。

■下種

・豌豆類大約在10月下旬到11月中旬下種。

・在夏季蔬菜採收後的菜畦，30～40cm的間隔，撥開夏天、冬天的草，每處播下3～5粒種子，覆蓋上大約與種子等量的土壤，用手壓緊密。其上再輕輕的覆蓋枯草。（豆類下種後的種子，有時候會被小鳥吃掉，如此做也有防止被小鳥吃掉的意義）

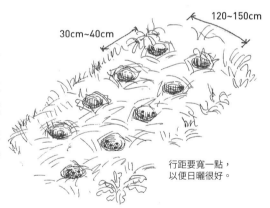

120～150cm

30cm～40cm

行距要寬一點，以便日曬很好。

■發芽

・約經過7～10天就發芽了，此時要除去可能會妨礙到發芽的枯葉（覆蓋在上面的枯草），但是為了防禦冬天的寒冷及強風的侵襲，適度的留一些在周圍比較好。

・依地區的不同而異，可以此狀態越冬。

・在暖和的地區提早下種，藤蔓伸長過大往往會受到霜害，故要提早下種應留意。九州等溫暖的地方，2月後半下種也還來得及。

一個星期後

■**架設支柱**
（有藤蔓的場合）

到了春天豌豆長大了，也是到了要架設支柱的時候了。大約是在4月中旬，植株高度30～40cm前後。架設支柱的方法有許多種，在此介紹3種方法。

| 第一種
方法 | 川口先生的方法：使用稻草和支柱，支柱用木材或竹子。 |

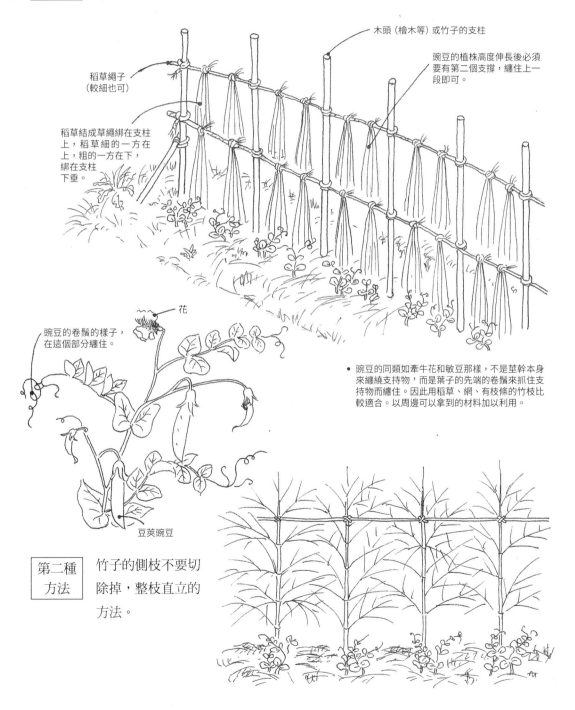

木頭（檜木等）或竹子的支柱

豌豆的植株高度伸長後必須要有第二個支撐，纏住上一段即可。

稻草繩子（較細也可）

稻草結成草繩綁在支柱上，稻草細的一方在上，粗的一方在下，綁在支柱下垂。

豌豆的卷鬚的樣子，在這個部分纏住。

花

豆莢豌豆

• 豌豆的同類如牽牛花和敏豆那樣，不是莖幹本身來纏繞支持物，而是葉子的先端的卷鬚來抓住支持物而纏住。因此用稻草、網、有枝條的竹枝比較適合。以周邊可以拿到的材料加以利用。

| 第二種
方法 | 竹子的側枝不要切除掉，整枝直立的方法。 |

| 第三種
方法 | 張掛起網子，讓藤
蔓沿著網目爬行。 |

農協有各式各樣的網子，海苔的養殖和魚網都可以便宜的購得，也可以用在其他種種的用途上。

■ 採收

・豆莢豌豆　因大莢、小莢品種不同，大小的標準也不一，在濃綠、柔軟時比較好吃。

・豌豆仁　裡面的豆子膨漲起來、柔軟帶有綠色時。豆莢的顏色稍微褪色時是採收的時期。

・甜豌豆　裡面的豆子變大，豆子和豆莢變柔軟時是採收的時期。

■ 保存

・豆莢豌豆和甜豌豆是在綠色、柔軟時比較好吃。豌豆仁在變硬後像大豆一樣硬可以保存，泡水之後料理。

・採收很多時，可從豆莢取出豆子直接冷凍或做成豆餡。

自製豌豆餡最好吃！

■ 採種

　　不管是那一種品種，要等到裡面的豆子充分長大，豆莢漸漸成為淡茶色、變乾了以後依序採種，一直放着的話會長霉，倒不如鋪於布巾上天氣好時再次乾燥，用手剝開豆莢(量多時輕敲使裂開)，再次充分乾燥後保存。

※豌豆仁的種子是圓圓的，但豆莢豌豆及甜豌豆的種子乾燥後會有皺紋。

使用過的果醬瓶可以拿來保存種子。

豌豆

豆 類

菜豆、豇豆

（豆科）

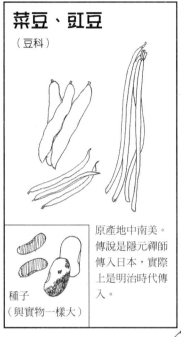

原產地中南美。傳說是隱元禪師傳入日本，實際上是明治時代傳入。

種子
（與實物一樣大）

1	2	3	4	5	6	7	8	9	10	11	12

〈菜豆〉

（有藤蔓）●●●●○○○○○
隨時都可以下種
●●●●○○○

（無藤蔓）●●●●○○○○○
隨時都可以下種
●●●●○○

〈豇豆〉

●●●●○○○○○○○○○

品種 大致上可分為在豆子還小時連豆莢一起吃的莢菜豆、三尺菜豆等，與豆子成熟乾燥後採收兩類。乾燥豆又可分為利用它作為煮豆、甘納豆及餡餅。

・稱呼依地區而有所不同，也有些地方把大豆、蠶豆、豌豆以外的豆都稱為豇豆。

大扁平摩洛哥隱元、羅馬洛隱元

美洲隱元、黃色隱元、圓莢隱元

・莢菜豆：分為有藤蔓及無藤蔓，連豆莢一起食用。

・菜豆：尺菜豆、十六菜豆。

・乾燥隱元豆：白隱元、虎豆、白花豆、十六寸、金時豆、鶉豆、紫花菜豆。

・乾燥菜豆：綠菜豆、紅豆菜豆、天工菜豆。

性質 菜豆和蠶豆、豌豆不同，它是溫暖性的豆科作物。喜好陽光、有保濕能力的地方，但不喜歡會積水的地方，所以要選排水良好的地方。豆莢菜豆從5月到7月前後為止可以接續下種，夏天氣溫高於30˚C有時候不會結果。又容易受到霜害，所以要選擇適當時期栽培。無藤蔓的菜豆可以不必設立支柱、故不必費勞力，但是採收期間比有藤蔓的菜豆短，所以可以分成2～3次下種。

■下種

下種時期因地區而多少有些差異。要何時下種，有一些指標可觀察，例如在我們福岡絲島地區，據說「柿子的新葉開始展開，新葉的大小到可以包裹三粒菜豆的種子時」是下種的時期。所以每年看到菜園入口處柿子的新葉時就知道大概是下種的時期了。

柿樹葉

- 有這樣的指標，即使各區域多少有些差異，仍可以適用作為參考。
- 下種用直播的點播。菜畦的寬度90cm則播2條，植株間隔30cm。
- 撥開要點播處的草，拔除直徑10cm左右的草稍微整理一下，每一處播2～3粒，覆蓋種子一倍厚度之土壤，約1cm左右。

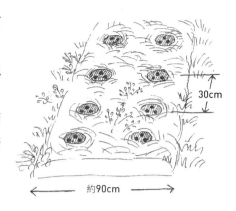

30cm

約90cm

■ 發芽和疏苗

- 覆蓋土壤後用手輕壓，再覆蓋枯草以防乾燥。
- 有小鳥會來啄食種子的地方，在下種的菜畦上方拉一條繩子，其上放一些樹枝或竹枝。
- 約經5～6天就發芽了，像右圖那樣雙子葉抬頭起來時，除去覆蓋的枯草。
- 周圍的草會擋住發芽後菜豆的陽光、通風也不良時，要稍微加以割除。
- 約1個月後，幼苗稍微纏繞在一起時，將之疏拔一處留下2株健康的幼苗。
- 無藤蔓的菜豆長高到約40～50cm時，枝條張開離地面不太高的地方着生了許多果實，為了利於通風，割除周邊的草。
- 豆莢菜豆、豇豆不耐土壤乾旱，所以要把割除的草鋪在植株的基部。草的量少的時候，可以去割土堤的草來用。
- 有藤蔓的菜豆、豇豆，在藤蔓快要伸展時就要準備好支柱。

發芽後17日左右

藤蔓

植株的基部要鋪上割好的草。

■支柱的架設方法(有藤蔓的菜豆、豇豆)

· 準備長度約2m的支柱。菜豆、豇豆會伸
　長得很高，為了方便採收在1.2m左右的
　高度時交叉綁好。

· 像這樣傾斜的組合是一般的做法，也是比
　較牢固的作法。

· 用竹子來當支柱時，可能的話，
　竹子是在冬天(10～2月前後)
　準備好，水分比較少也比較不會
　腐朽。為了支柱不會被風吹倒要
　確實的綁牢。生長後藤蔓纏繞在
　一起，支架不容易修復。

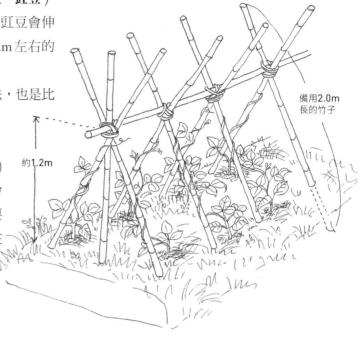

備用2.0m
長的竹子

約1.2m

■採收

· 在豆莢還柔軟時採收裡面的
　豆子。豆子大了、豆莢膨脹
　起來時，豆莢也會變硬。

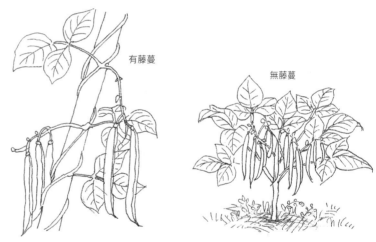

有藤蔓

無藤蔓

■採種

· 從健康、生長良好的植株當中，選擇形狀良好的
　豆莢，不要採收留下作為採種之用。

· 豆莢轉為淡茶色乾枯時，割下連豆莢一起放在直
　射日光下乾燥。然後從豆莢取出並除去有傷口的
　種子，再次乾燥後保存。

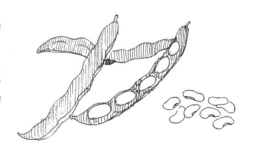

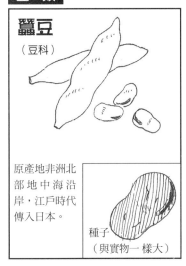

蠶豆
（豆科）

原產地非洲北部地中海沿岸，江戶時代傳入日本。

種子
（與實物一樣大）

1	2	3	4	5	6	7	8	9	10	11	12

（只限於九州）

品種

・早生種：房州早生、熊本早生、金比羅。

・中生種：仁德一寸、打越一寸。

・晚生種：陵西一寸、河內一寸。

以上是綠色品種。也有紅色蠶豆，有很鮮麗胭脂色。

性質　喜好冷涼氣候，耐寒力強，但過早下種有時候會遭遇寒害。

■下種

・雖說冬天的耐寒力強，但不如豌豆那麼強，過早下種的話，幼苗長得太大會遭遇到寒害。太遲下種會在生長階段時就進入冬天而生長不良，通常以10月上旬到下旬為指標，越溫暖地區越可延後下種。九州的一部分不會下霜的地區，也可以2月下旬下種。

・菜畦要選擇日照良好的地點，株距60～70cm、行距70cm，每點播2～3粒種子。

・撥開要點播處的草，拔除直徑10cm左右的草稍微整理一下，每一處播3粒各自稍有間隔，覆蓋約1cm厚度的土壤。用手輕輕壓一壓，再覆蓋枯草，可防止小鳥為害，同時也可以防止乾燥。

・在自然農，原則上是沒有必要灌水，可在下過雨土壤還潮濕的日子，或即將下雨的日子下種。如果連續好幾天日照很強的話，則依需要進行灌水。

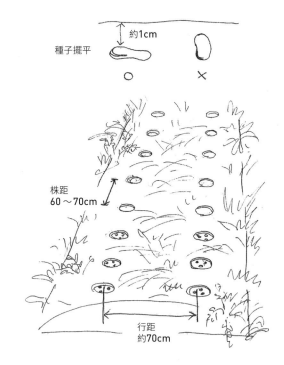

約1cm

種子擺平

○　　　×

株距
60～70cm

行距
約70cm

■發芽和疏苗

· 下種後約經1星期就開始發芽了。

· 當幼苗伸展到約10cm時，拔除弱小的幼苗，讓一處只剩下2株。

· 冬季期間幾乎不生長越冬，為了防止嚴寒期間的寒害，不要讓土壤裸露，用枯草等覆蓋在周圍。

■生長

· 到了3月氣溫開始上升時，急速生長。從地面長出許多側枝，側枝多時豆莢反而少，故僅留下4～5支，其餘的全部摘除。

· 蠶豆的豆莢和菜豆、豌豆不同，朝上生長；有人說那是日本名叫做「空豆」的理由。

■採收

· 蠶豆的豆莢起初是朝上生長，隨着豆莢膨漲轉為朝下，此時即為採收期。裡面的豆子是綠色帶有光澤，豆子充分長大時就要早些採收。

■採種

· 莖幹的下方長出豆莢，大又漂亮的豆莢不要採收留下來當作種子。

· 外側的莢稍微枯萎、稍微變黑時(約6月～7月)採收當作種子。裡面的種子變成淡茶色就會成熟、變硬。

· 直到種子採收為止，有時候豆莢的內側會變黑，在通風變不良之前把不用的枝條切除。

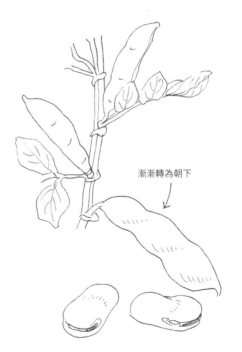

漸漸轉為朝下

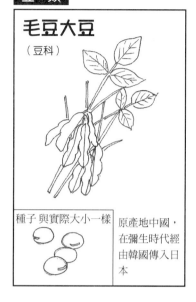

毛豆大豆
（豆科）

種子與實際大小一樣

原產地中國，在彌生時代經由韓國傳入日本

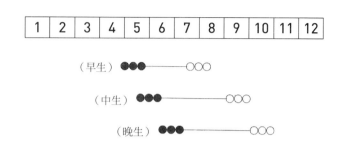

1	2	3	4	5	6	7	8	9	10	11	12

（早生）●●●━━━━━○○○

（中生）●●●━━━━━━○○○

（晚生）●●●━━━━━━━○○○

品種 毛豆是大豆在生長途中還是綠色的時候採收，主要是早生種，適合作為毛豆的品種在種苗店有售。

· 幸福毛豆（早生）、青入道（晚生）、白鳥（中生）、塔塔茶豆（中生）、奧原（早生）、早生盆茶豆（早生）、岩手綠色豆（晚生）

· 被稱為茶豆和香豆的品種裡，是如同香米一樣具有良好風味的毛豆。

· 綠色豆作為毛豆或是綠色大豆都可以讓它完全成熟。

大豆完全成熟把它乾燥後，可以做成味噌、豆腐等各式各樣加工食品，是非常受到喜愛的作物。也被稱為田園的肉品，含有許多植物性蛋白質、營養價值很高。

· 黃色的大豆：豐娘（Toyo Musume）、豐譽（Toyo Homare）、宮城白目（Miyagi Homare）、En Rei大蔓（Ōtsura）等。

· 綠色的大豆：早生緣、岩手綠色豆、信濃青豆、大袖之舞等。

· 黑色的大豆：丹波黑大豆、信濃黑大豆、黑丸等。

性質 毛豆、大豆是豆科作物，地下的根部結有許多根瘤菌，可以固定空氣中的氮素，在貧瘠的土地也可以長得很好。不喜連作，建議要避免。其後作可種洋蔥、甘藍等需要地力的作物。在日照良好、排水良好的地點與有適當的保水能力的地方，結實非常良好。割一些草覆蓋在根部以避免土壤乾燥，使通風良好。

· 川口先生在電影中，菜畦作好後用鋤頭每處播下1～2粒種子。可以利用菜畦、田園邊緣一點點的空間，幾乎可以成為放任狀態來栽種，是無論如何都想要栽種的作物。

■下種

一般說毛豆指的是早生種、中生種，大豆的話是中生種到晚生種比較多。但是因各地方的冷暖差異而有所不同，對於想要栽種的品種必需加以探討，選擇各品種的適當時期下種。大豆在日本任何地方都可以栽種，可向各地農友探聽各品種的適當下種時期作參考。大豆是從很久以前，就和插秧時期一起下種的。

- 種植的地點選擇在日照良好、排水良好、有適當的保水能力的地方。
- 若是肥沃的地點且品種是晚生種時，植株的高度會很高，行株距要留大一些，使通風良好。
- 在貧瘠的土地也可以長得很好，所以新開墾的土地若不夠肥沃時，第一年可以先栽種大豆。
- 只割除菜畦上要條播地點的草，植株的距離50～60cm點播。刮去下種處之土壤表面，每一處播3～4粒(種子與種子的間隔1～2cm)，將刮開後之土壤覆蓋回去。輕輕用手壓一壓，其上再覆蓋枯草。
- 豆科植物的種子很大，是鴿子和烏鴉最喜歡吃的東西，下種後時常馬上被吃掉。其防止對策是蓋上割下的草，菜畦上牽引1～2條繩子。在沒有被鴿子和烏鴉看到時下種。

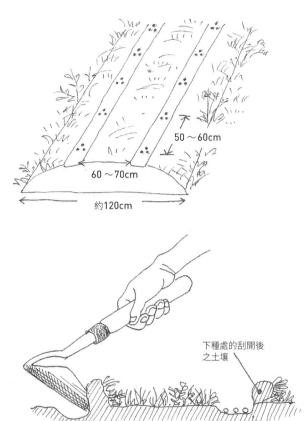

50～60cm

60～70cm

約120cm

下種處的刮開後之土壤

■發芽和疏苗
- 子葉從土裡伸出頭來，初生葉張開之前都不能掉以輕心。
- 在本葉長出來後，一處留2株，其餘的疏拔掉。
- 此時周圍的草長大，看見大豆好像競爭不過時，隨時割除草。割除的草鋪在地面可以防止乾燥。
- 在自然的情況下，如果不是非常乾旱就沒有灌水的必要。

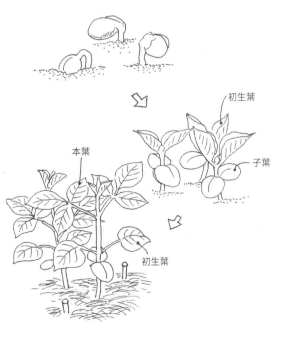

初生葉

本葉

子葉

初生葉

■生長和採收

· 早生種生長快速,當作毛豆來採收的話,發芽後約60～70天就開始開花了。

· 此時若土壤乾燥的話會結果不良,因此乾燥時可割除周圍的草,鋪在根基的地面。

· 在自然農的場合反而是底下的草會使得通風不良,所以不要讓草太伸長就必須割除。

· 毛豆開花後20天到1個月是採收的適當時期。整株大約八成豆莢中的豆子膨脹變成圓圓的時候,從莖的基部收割下來。

· 毛豆採收的適當期間是5～7天,豆莢稍微帶有黃色時,裡面的豆子已經變硬了。為了長期可以採收,下種也可以分為3次左右下種。

裏頭的豆子的綠色還是很鮮豔時該採收。

■大豆的採收和調整

· 當植株更為成熟時,10～11月時葉片脫落,大豆的豆莢和全株都成為淡茶色,搖動時發出乾枯的聲音。這就是大豆的採收時期,從莖的基部收割下來。

· 將豆莢吊掛在屋簷下不會被雨淋的地方,再次使之乾燥。當豆莢自然裂開時,在天氣好的日子,將它鋪在布巾上,用棒子敲打使之裂開。

· 充分乾燥的話,用腳踩的脫穀機可以像脫穀一樣脫去豆莢。

- 然後用去稻穀的籃子把豆莢和乾的植株除掉，再用風扇分開豆子。
- 如果很會用畚箕的話，用它一個也能分開豆子與豆莢及灰塵。
- 再次乾燥後保存於瓶子或罐子裡。乾枯的豆莢與乾的植株放回田園裡。

畚箕

去稻穀的籃子

■ 採種和保存

- 採收完成熟的大豆就可以當作種子使用。下年度要下種的種子，要預先選擇好的留下。保存於瓶子或罐子裡。種子的容器必須記錄採種的年月日。大前年的種子，有的品種發芽力會下降。

2002 年
青大豆

- 毛豆的採種和大豆的採種完全一樣，因此不要全部吃掉，留下健康的、生長良好的植株，像大豆一樣等其完全成熟後採種。

大豆的小知識

在立春的時候叫着「鬼怪出去！福神進來！」撒豆子，還有一些地方用柊木和海桐花的植物來裝飾門面的風俗，想不到會有共同之處。

對古時候的人來說，生病和作物的損害是最想避免卻也最沒有辦法的事，古人稱之為鬼怪，有許多風俗和儀式用來驅走這些鬼怪。

其中立春的炒豆子來撒，是因為在炒的時候發出劈哩啪啦裂開的聲音，撒豆子的時候飛散的聲音似乎有驅走這些鬼怪的意思。柊木和海桐花也是因為在燃燒的時候似乎會發出劈哩啪啦裂開的聲音。大豆的同類紅豆據說有去除疾病的能力，但是聲音是大豆比較大，又最強而有力爆裂開的蠶豆太晚傳入日本，所以就用大豆。

──〈植物與儀式──推理它的由來〉

湯淺浩史著，摘錄自朝日選書

花生

（豆科）

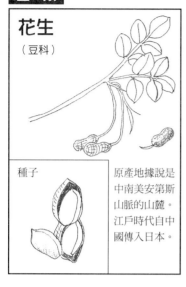

種子

原產地據說是中南美安第斯山脈的山麓。江戶時代自中國傳入日本。

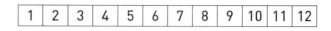

1	2	3	4	5	6	7	8	9	10	11	12

品種　花生的品種大致來分，有枝條直立、匍匐在地面及介於這兩者之間的等品系。中手豐（Nakateyutaka）、立勝（Tachimasari）、千葉半立、鄉之香、千葉43號等。

性質　因為花生喜好夏天的高溫和乾燥的土壤，因此要選擇在日照良好、排水良好的地點。因為是豆科作物，在貧瘠的土地也可以長得很好。反而是補充過多肥料時只有葉片長得茂密而不結果實，應留意。

■下種

- 種子是剝開硬的花生殼後，裡面一粒為一個種子。

- 日照良好、稍微乾燥的地點比較好。植株會長得很大很廣，菜畦的寬度90cm左右，播1行點播。

- 株距約50cm，割除菜畦上要下種地點的草，刮去下種處如手掌大小之土壤表面，整地好之後用手輕壓，播下2～3粒種子。因為種子很大，可用手指挖出約3cm深的洞穴，放入種子覆蓋土壤。然後蓋上割下的草，既可以防止乾燥也防被小鳥吃掉。

- 也可以在育苗花盆先育苗後移植。

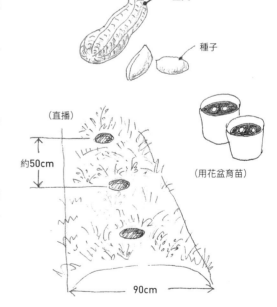

豆莢

種子

（直播）

約50cm

（用花盆育苗）

90cm

■發芽

- 溫度適合的話，下種後約8天就發芽了，直播時沒有必要灌水，若在花盆內下種不要灌過多的水。

- 發芽後有時也會被小鳥吃掉，覆蓋的枯草不要馬上拿開。

■ **疏苗、移植**

· 一處播下2～3粒種子，一起都發芽時，留
　下最健康的1株，其他的全部疏拔掉。

· 慎重拔出的幼苗可以移植到其他地方。

· 當在育苗花盆的幼苗有3～4片葉片時，採
　取和直播時一樣的株距50cm來移植。

■ **開花**

· 隨着氣溫的上升，地上部逐漸分枝擴大成為
　50cm的植株。

· 到了8月開始開黃色的花。花掉落後，會在
　雌蕊先端尖銳的、稱為子房柄的地方開始伸
　長。

· 從一個地方伸長出4支，依次進入土地裡
　面，在地裡子房柄先端結了花生果實。

· 因此在開始開花時就要除去植株下面的草。
　在子房柄進入土地後就不能割草了，所以要
　在長出子房柄之前割草。

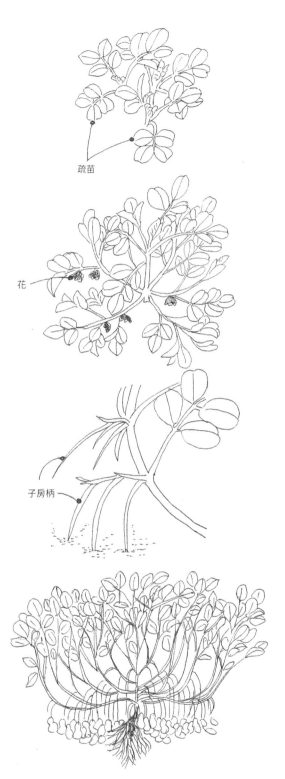

疏苗

花

子房柄

■ **採收**

· 10月下旬到11月上旬間，下部葉片開始變
　黃、枯萎時就可以採收了。

· 中央有直根的根部，手握直根的上部慢慢的
　拉出整株花生的植株。

· 在花生園曬太陽半天後收取果實。在土地裡
　面也有一些殘留的，可以挖出來採收，然後
　把植株放回菜畦上。

· 充分清洗果實，大粒的作為種子留存下來，
　充分乾燥後保存。

番茄
（茄科）

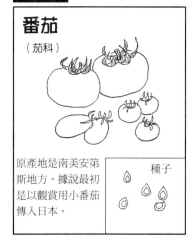

原產地是南美安第斯地方。據說最初是以觀賞用小番茄傳入日本。

種子

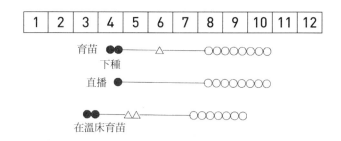

1	2	3	4	5	6	7	8	9	10	11	12

育苗 ●●────△──────○○○○○○
下種
直播 ●─────────○○○○○○
　　●●───△△───────○○○○○
在溫床育苗

性質 喜好日照良好、排水良好，有適當的保水能力的地方。一般以為不容易栽培，但是完全成熟的果實掉落在地上後很容易發芽，反而可以認為是很容易栽培的作物。必須做一些摘惻芽和架設支柱等照顧的工作。不容易連作(和茄科作物的話)。

品種 小番茄有酸漿大小的圓果、細長檸檬形、洋梨形等，顏色也有紅、黃、橘色等各式各樣。品種有 Yellow Petit、Orange Carol、Red Petit、乙姬、Toy Boy、Tiny Tim 等。

- Toy Boy 與 Tiny Tim 只會生長到20～40cm，不需要摘除側芽，也不需要架設支柱；小番茄比大果型番茄強壯，較容易栽培。
- 中果型番茄：在來種自家採種可以有很好的收成(果實4～5cm)。
- 義大利番茄：外側的皮多少有些硬，煮熟後很好吃。可以持續採收到秋天。
- 大果型番茄：桃太郎、瑞光、光、龐德羅沙等。

---

❶製作苗床移植的作法

■下種（在川口先生居住的奈良地區 4 月 10 日到 4 月底）

- 和甘藍、洋蔥一樣，可以製作苗床播下種子栽培幼苗。若自給自足之用，不必太多的苗。在60×60cm的苗床有10株到15株為指標，種子可以多播一些。
- 苗床土壤為了不使其混雜到草的種子，用鋤頭削去表土稍微整平後輕輕壓一壓，下種後為了防止乾燥，覆蓋土壤後壓一壓，並在上方覆蓋一些從周邊割下的草。
- 因為芽非常細小，為了不妨礙發芽，其上方覆蓋的草應盡量切細。

■發芽

- 下種後10天就發芽了，但依當時的氣溫而異。苗生長過密時應分批逐次疏苗。為了不要傷害到其他幼苗，疏苗時可以用剪刀剪。

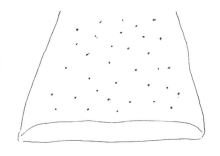

■生長

開第一朵花

雙葉這個時候變黃，自然掉落。

- 發芽的幼苗分批逐次疏苗，最後苗的間隔約15cm。
- 不管是大果型的番茄或是迷你番茄，都以將開第一朵花時作為移植的指標。
- 幼苗的生長階段若葉片帶有黃色不健康的樣子時，在周邊薄薄的施一些米糠。
- 若幼苗是外購的，要選擇健康的幼苗，避免買到葉子捲起來的，或有生病的。

❷直播的作法

■下種和疏苗

- 配合菜畦的寬度，窄狹的話只種植1行，寬廣的話，行距90cm種植2行，株距約50cm，點播。
- 壓倒草，割除要下種5粒種子寬度的草，種子播入土中。

株距50cm

- 發芽後留下健壯的幼苗分批逐次疏苗，最後只剩下1株。
- 番茄的生長，日照是不可或缺的，在草茂密的菜畦直播時，為了使發芽後的幼苗能夠照到太陽，隨時要去割草，尤其是在南邊的草。
- 與在苗床栽培幼苗一樣，依幼苗的生長狀況，在周邊薄薄的施一些米糠。

■移植

製作苗床移植時

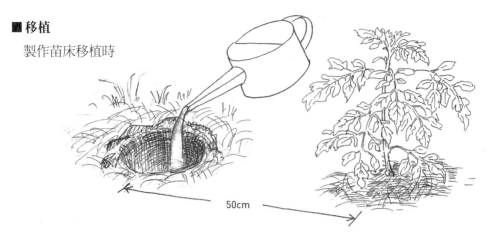

50cm

· 移植時，決定植株間距離的是幼苗的根部。挖掘一個整株幼苗能夠放進去的植穴，充分灌水。水自然的滲入土壤、不再積水的狀態時，把幼苗放入。

· 幼苗放入後，把挖出的土壤覆蓋回去，輕輕壓一壓，覆蓋周邊所收集的枯草。

· 假使連續好幾天天氣晴朗，苗床乾燥時，在作業之前灌水30分鐘，挖幼苗時不要傷害到根部。可能的話這個作業要在下過雨的翌日、土壤適度潮濕時進行。

■架設支柱

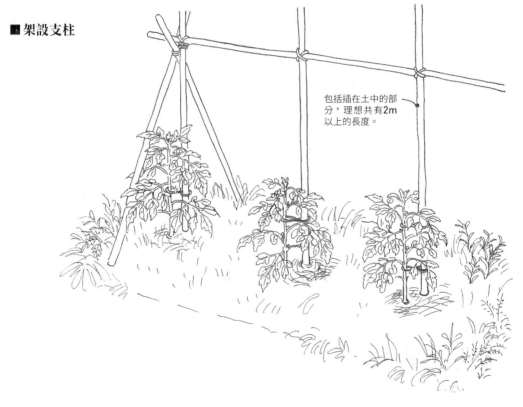

包括插在土中的部分，理想共有2m以上的長度。

· 雖然也有斜斜的架設支柱的方法，但是直立架設的話，下雨時果實比較不會被雨淋，因為番茄不耐下雨。大果型番茄的確很重，支柱要架設得牢固一些。支柱的長度(含插入土地的部分)要有2m以上比較好。

■支柱和幼苗的固定方法

幼苗還小時，考慮到還會長大，以及支柱過於密接作物時會傷害到作物的根部，支柱稍微離開一些比較好，如右圖那樣鬆散的綁成 8 字。

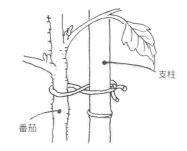

支柱

番茄

■摘除側芽

❶大果型番茄

· 番茄是從長出葉片的基部依次長出腋芽。置之不理的話會無限制的增加枝條數，果實也會變小，因此要摘除側芽。

· 番茄以5～6個果實結成一團稱之為果房，從下面算起到第5層的果房為止的腋芽要全部摘除。栽培番茄的達人會把先端生長點的芽摘除，以抑制莖的伸長、使果實變大；但在夏季露天栽培反而不要去抑制莖的伸長，才不會傷害到果實。

· 因此，在此之後就讓其隨意伸長，也偶爾會結果。

· 腋芽在番茄幼苗數量不夠時，仟插在半日照的菜畦，馬上會長出根成為幼苗。

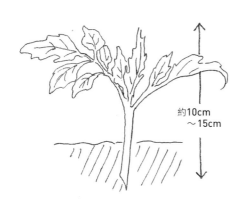

約10cm
～15cm

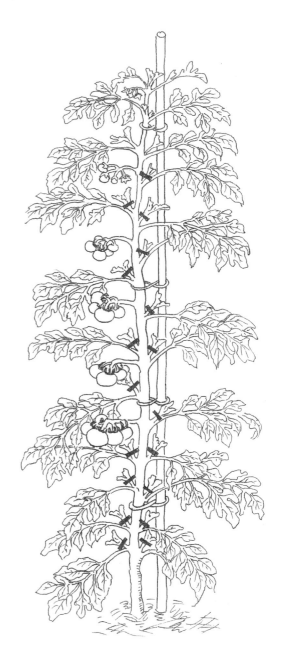

143

❷小番茄

・小番茄的種類都比大果型番茄健壯且容易栽培，摘除側芽也是只摘除最初的幾支即可。側芽接連伸長，轉眼間就擴張開來，即使倒伏在草當中也會結許多果實。

・接近莖部的果實依序着色，但也容易落果及裂果，所以要適當的採收。

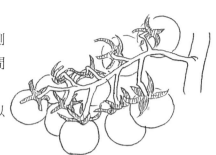

■採種

・從完全成熟漂亮的番茄採取種子。

・首先在容器裡裝水，把含有種子的部分取出放入。

・在水中充分漂洗換水2～3次，用金屬網撈出沉在下面的種子，充分曬太陽乾燥後保存。

浮起來的種子是未成熟的，只選沈下去的。

■保存

・番茄保存之適當溫度是5～10˚C。當然是要保存在冰箱，但吃起來最好吃的是常溫。因此每次採收是採收吃得了的數量。採收很多時作成番茄醬保存在瓶子內。

種子很細小，建議用網目很細的金屬網來撈起來，直接乾燥。

番茄醬的做法

①番茄燙過後剝皮，切大丁。

②蒜頭準備多一點，切碎。洋蔥約番茄1/3量，切碎。

③橄欖油倒入鍋子，開小中火，放入蒜頭慢慢炒香。

④放入洋蔥，炒到軟，然後放入番茄，以中火熬煮。

⑤若有奧勒岡葉或羅勒葉可以此時加入。

⑥用鹽巴、胡椒調味，熬煮到整體的水分變2/3。

⑦等稍微退熱，裝瓶保存。

材料
- ・熟透的番茄　・蒜頭、洋蔥　・奧勒岡葉
- ・鹽巴、胡椒　・橄欖油　・羅勒葉等
（香草類）

番茄醬

甜椒、糯米椒

（茄科）

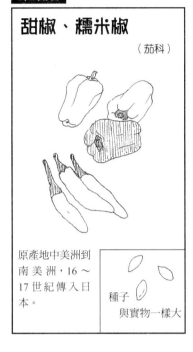

原產地中美洲到南美洲，16～17世紀傳入日本。

種子
與實物一樣大

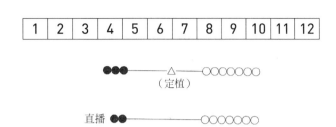

1	2	3	4	5	6	7	8	9	10	11	12

（定植）

直播

品種 辣椒的同類，不辣的果實依大小來分，中果品種到大果品種的稱為甜椒，小果品種的稱為糯米椒。

・甜椒：吃綠色未成熟果，成熟變成紅色、果皮薄。有Ace，京綠（Koy Midori）、錦（Nishki）及Akino品種。成熟後有紅、黃、橙、白、紫等各色各樣的果實。

・彩椒：果肉厚、甜味比較高的就叫做彩椒。有Sonia、Wonder、Bell、Gold Bell等品種。

・糯米椒：吃綠色未成熟果，成熟變成紅色。偶爾會有辣味的，不和辣椒分開栽種的話有時候會變辣。有Shishitô，优見甘長，翠光等品種。

性質 因為是茄科作物，要避免和其他的茄科作物連作。在日照良好、有保濕性的土壤比較好。枝條、莖幹容易折斷。

■下種

・直播或製作苗床移植都可以。

・苗床的製作方法，和水稻一樣。為了培育健壯的幼苗，自冬季開始就補充一些養分。

・割草，刮去土壤表面，撿除草的種子和草根後，用木板壓實，下種不要過密。

・上方覆蓋一些不要混雜到草的種子的土壤，再次用木板壓實，最後覆蓋從周邊割下的草以防止乾燥。

・在冷涼的地方，更早時期也有在溫床和溫室作育苗箱來育苗的。

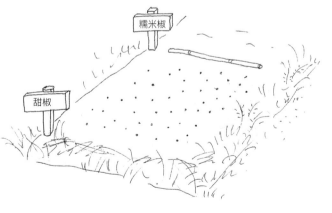

糯米椒

甜椒

■ 發芽和疏苗

· 下種後約1星期就發芽了。

· 為了不妨礙發芽，把下種時覆蓋的草拿掉。

· 階段性的少量疏苗，苗床裡幼苗之葉片不要
  重疊，在本葉有7～8片時就要移植。

· 直播的場合，疏苗到本葉有5～6片時，只
  留下1株健壯的幼苗。

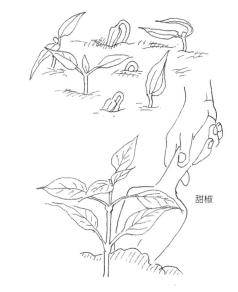

甜椒

■ 移植

· 菜畦寬度120cm左右，種植2條，株距
  60cm左右。

· 甜椒本來就是熱帶性的作物，在日照良好、
  有保濕性、排水良好的土壤比較好。

· 冬季開始就補充一些養分。在將要種植幼苗
  的地點割草，挖掘植穴。

· 苗床的幼苗在移植之前要充分澆水，使土壤
  鬆軟，易於拔幼苗。

· 於菜畦的植穴充分灌水。讓水自然的滲入土
  壤、不再積水的狀態時，把幼苗放入。此時
  要和種植茄子一樣，不要種得太過深。

· 甜椒的枝條很軟、容易折斷，所以要架設支
  柱。直立的架設也可以，但是容易傷害到根
  部，要隨着植株的成長，像茄子一樣加上第
  2支、第3支。

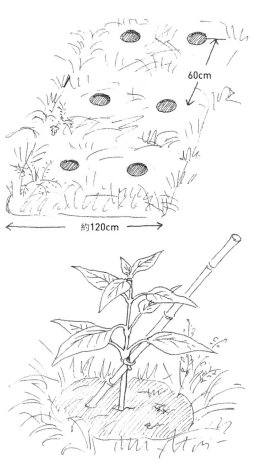

60cm

約120cm

■生長

· 隨着植株的成長，把伸長的甜椒枝條修
  剪成3支，像栽培茄子一樣，用竹子或
  木棍架設支柱，以支持成為中心的3支
  枝條。

· 各個枝條在支柱上用繩子綁着固定，隨
  時摘除其後長出來的腋芽，使不至於造
  成通風不良。

· 甜椒的花是白色的、向下開。據說最初
  長出來的果實要稍微早些採收，其後的
  果實才會長得好。

· 種植甜椒的菜畦被周邊的草覆蓋時，可
  以保持濕氣，是生長的良好條件。但若
  草伸長得太高會妨礙到作物的生長時，
  要適當的割除。

· 甜椒可以持續採收到10月前後。最後，
  那些枝條前端的柔軟葉片也可以利用做
  為佃煮(譯註：一種用醬油、糖等熬煮
  的食品)

■保存

　　和茄子一樣，保存之適當溫度是10°C，與其放在冰箱不如放在涼爽處的紙箱內，或每
次只採收剛好吃得了的量。又青椒熟了會跟彩色椒一樣變成紅色，甜味也會出來，紅色的
就這樣利用已經很鮮艷了。

■採種

· 甜椒的果實成為紅色或黃色時即為完全成熟，在外側
  的果肉脫水有皺紋時摘取下來。

· 用手將着生在中央的種子捋下，放到水裡，捨棄浮起
  來的種子，充分的清洗沉下的種子，乾燥後保存。

· 甜椒的種子放久了後，發芽率會變差，要每年採種。

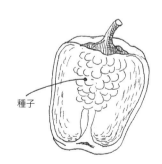

種子

果菜類

茄子（茄科）

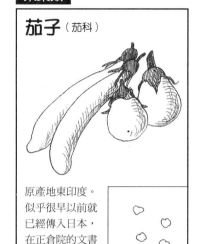

原產地東印度。
似乎很早以前就
已經傳入日本，
在正倉院的文書
裡有 750 年 6 月
獻上的記載。

種子
與實物一樣大

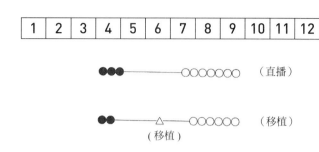

1	2	3	4	5	6	7	8	9	10	11	12

（直播）

（移植）

（移植）

品種　茄子是依其形狀分為各式各樣的品種，再以早生、中生，晚生分品系。在此介紹主要的品種有：

・長茄：博多長茄、長崎長茄(晚生)，都有35cm的長度。耐熱力強。柔軟、可以採收到初秋。

・中長茄：千兩茄、大阪本長茄，是很平常的品種，和油很好搭配。

・卵形茄子

真黑茄：皮、果肉都很柔軟，是許多交配種的親本之早生原生種。

橘田茄：這也常用為交配種的親本。採收量多，生長旺盛（早生）。

賀茂茄：京都特產的在來種。果肉細緻柔軟。

水茄子：含水分多，可以做成各種漬物。

米茄子：大型稍微圓形，味道稍微淡薄，適合於田樂。（譯註：先切半後油煎，再伴上田樂味噌的一道菜）。

・小茄子：民田一口茄子：辛辣漬物等很有名的山形縣在來種。

性質　因為是茄科作物，避免和同樣是茄科(番茄、馬鈴薯、甜椒等)作物連作才不會遇到難題。又茄子在作物當中是屬於比較需要地力的作物，因此在冬天撒一些殘餘葉片或草屑，準備好一個富含營養的菜畦，同時選擇水分多、排水良好，日照良好的地方。

■下種

　茄子和番茄、胡瓜一樣也可以直播，在此介紹製造苗床移植的方法。這個方法，在冷涼的地區當土壤溫度升不上來時，可以應用此方法在溫床或溫室準備幼苗。又據說種子放久依然會發芽，7～8年都沒有問題。

　下種的面積依栽種作物的量而定。有50×50cm的話自給自足用就很充分了。準備好一個富含營養的菜畦，日照良好、選擇水分含量多且排水良好的地方。

- 每塊菜畦寬度約90～100cm，區隔成數塊，夏季的果菜類也一起栽種的話，照顧起來也比較方便。
- 割除表面的草，薄薄的刮去土壤表面，除去草的種子，宿根性草根蔓延時稍微將之除去。
- 和水稻苗床的製作方法一樣，表面用木板或鋤頭壓實，在上面稀疏地播下種子。拿來沒有混入草種子的土壤，用手搓揉或用篩子篩土壤，使之完全覆蓋種子。
- 其上再用木板壓實，最後覆蓋從周邊割下來同時切細的草。這樣可以防止乾燥且不必灌水。

苗床的大小要看需要的採收量而異

■發芽和疏苗

- 發芽溫度20～30℃左右時，下種後約2星期就發芽了。
- 此時，視情況把覆蓋在上面的草除去以免妨礙到發芽。
- 若是幼苗太過擁擠，要使幼苗之間的葉片不會重疊而且不傷害到根部的情況下加以疏苗，其幼苗也可以拿到別處栽種。
- 不要一次就做完疏苗工作，要少量少量的進行，留下健壯的幼苗。

■移植

當本葉有6～7片葉時移植到另外的菜畦。株距60～70cm，把草割除，挖掘移植用的植穴，灌少許水。水自然的滲入土壤時，把幼苗放入，用周邊的土壤回填。

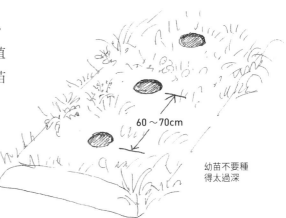

60～70cm

幼苗不要種得太過深

■架設支柱

- 移植後短時間內會有稍微枯萎的現象，當根部活着，氣溫上升，就會再度強勢的生長。

- 會持續長出腋芽，留下3支至4支，其餘要全部摘除。

- 為了不被風吹倒，起初①的支柱斜插，支柱和幼苗交叉的地方用繩子寬鬆的綁起來。

- 3～4支的枝條長大時，再枝條位置斜插②和③的支柱，固定各自的枝條，架設4根支柱時，4根支柱要墊好來支撐。各自以3或4根支柱交叉的地方包裹住苗之莖。

〈從正上方看支柱的架設〉

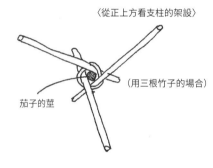

茄子的莖

（用三根竹子的場合）

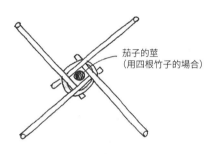

茄子的莖
（用四根竹子的場合）

■生長

- 進入夏季氣溫上升，一下雨，周邊的草強勢地茂密起來。為了茄子不輸給草，於適當時機割草覆蓋於菜畦上以防止乾燥。

- 茄子的害蟲有二十八星瓢蟲及其幼蟲、金龜子、蚜蟲等，有種種原因會有害蟲，如過度割草（割草時需留意只割一邊，另一邊先留著，不要割光光）、肥料過多、通風不良…等。

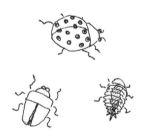

- 相反的，有時候會因為地力不足使得茄子的生命力缺乏，稍微補充一下，不久回復健壯，就不輸給害蟲，逐漸長大。

- 正確的掌握各種狀況、我與作物的關係、作物與草、草與我、害蟲與我等等的關係，調整到最佳狀況即可。

■ 採收與保存

- 茄子和胡瓜不同，它是兩性花，一朵花裡面有雌蕊和雄蕊，條件齊備的話幾乎所有的花都會結果實。
- 第一次結的果實在幼小時將它摘除，往後的結實會比較好。
- 採收時果實不要留得過大，在稍微小的時候採收的話，果皮和果肉都很柔軟。
- 茄子保存之適當溫度是10°C，放在冰箱反而會像香蕉一樣成為茶褐色受到傷害，不如放在涼爽地方之紙箱內。此外加工成為各式各樣的漬物可增加樂趣。

■ 採種

- 盛夏在茄子的最盛期，選擇果形良好又健康的茄子1株，留下1個果實。(作個記號)
- 超過了食用的適當時期，幼小的果實從紫色變成茶褐色時果實也變硬(稍微延後採收也無所謂)，果實縱切成2～4片在水中搓揉，取出種子，捨棄浮起來的種子，充分的清洗沉下的種子，乾燥後保存。

用網目很細的金屬網來撈起來

茄子的故事

故事1 據說新年作夢吉祥的順位是「一富士山、二老鷹、三茄子」，一種說法這是靜岡的名產，但也有這種傳說。

在一六一二年的新年，曾留下新收穫的茄子獻給江戶幕府的德川家康油炸後享用的記錄。在當時，新收穫的作物被視為至寶，在溫床很費事栽培出來的茄子，一個要價一兩錢，古今都想要得到季節外的產物的心理至今都沒有改變。

新年的茄子，對一般平民來講是高不可攀的東西，所以會有「三茄子」的說法。

故事2 現在變得罕見了，以前各小學的校園裡，一定會建立有二宮尊德背着薪材讀書的銅像。二宮尊德在某一年的夏天吃了茄子，覺得有秋天茄子的味道而認為不可思議，預感到那年會有異常氣象，指導農民栽種稗子當作非常時期的食糧。

那年是「天保的大飢饉」的開始，連續數年災荒，陸續有餓死的人，二宮尊德所治理的櫻町，連一個餓死的人都沒有。

所謂的「秋天的茄子不給媳婦吃」。秋天的茄子的味道之差異，您知道嗎？

——參考《蔬菜學入門》，三一書房

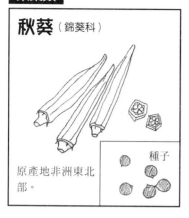

果菜類

秋葵（錦葵科）

原產地非洲東北部。

種子

1	2	3	4	5	6	7	8	9	10	11	12

●●●————○○○○○
（直播）

品種 有綠色的5角秋葵、紫紅色秋葵、圓葉秋葵。圓葉秋葵柔軟但收量少。花秋葵是食用花的部分，黏糊狀的也很好吃。

性質 適合於富含營養的地方，日照良好、排水良好、有保濕性的土壤比較好。高溫性作物，對低溫的抵抗力比較弱。種子是新鮮的比較好。

小時候，我媽媽在庭院種秋葵，她常常磨碎它來做菜。味道有點像山藥，淋上醬油與粘糊狀的它攪拌後再吃；我很久沒有吃過那麼有黏性的秋葵，應該20年以上吧。不知道怎麼能再次與它相遇？

■下種（4月下旬～5月中旬）

・秋葵是直根性的作物，不喜移植。在盆缽育苗後移植也可以，自然農用直播就可以種得很好。

・選擇富含養分、保水力佳的菜畦。因為對低溫的抵抗力比較弱，在4月下旬～5月中旬下種就可以不必擔心晚霜。

約50cm

約90cm

・過遲下種的話，根部尚未充分伸展就遇到盛夏，據說會引起收量減少、產生疣狀物。

・菜畦寬度有90cm以上的地方，株距50cm左右，割除表面的草，若有宿根性的草需除去，一處下種4～5粒種子到土壤裡面。

・覆蓋和種子厚度一樣的土壤後輕壓，為了防止乾燥，可再覆蓋從周邊割下的草。幼苗時期的秋葵密集些比較好，所以在盆缽育苗時3～4粒一起下種。

■發芽和疏苗

發芽溫度是25°C（地溫）

幼苗長到30cm時維持3株即可，此後疏苗到1～2株。

■生長和採收

· 秋葵喜好陽光，為了不擋住陽光，要隨時割除周邊的草，割下的草覆蓋於菜畦。

· 一到了6月會急速長大，若不如理想時，視情況補充一些米糠和油粕。

· 開花後4～5天其果實就可以採收了。花秋葵是食用花的部分，花的生命只有一天，所以要在中午以前採收浸在水裡即可。

· 摘取果實時，沒有必要把一起着生的葉片摘除，因為這樣會損傷到全株的活力，所以只要採收果實即可。

· 秋葵的採收時間延遲的話就會變硬，所以要早一點採收。

■採種

· 秋葵的採種比較簡單。選擇健康、漂亮的果實，留下來不要採收。如此則漸漸變硬，最後變黑、變乾燥的樣子，此時摘取果實，在直射日光下曬太陽2～3天，連着果莢一起或取出種子保存。

· 若不是固定品種而是雜交第一代（F1）的話，須經過數年的時間採種才能得到固定品種。

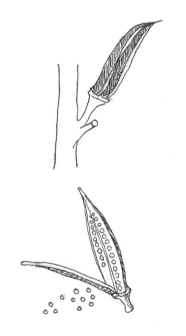

■保存

· 保存之適當溫度是10°C，沒有必要放在冰箱，反而會變成帶有黑色。在新鮮的時候料理後食用。

· 生鮮時很好吃，和油很搭配用炒的也適合，作成和風料理也好，依照創意去作什麼都可以。順便一提，秋葵的英文也與日文一樣是Okra。

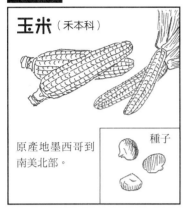

玉米（禾本科）

原產地墨西哥到
南美北部。

種子

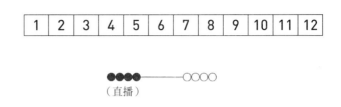

1	2	3	4	5	6	7	8	9	10	11	12

●●●●━━━━━━━○○○○
（直播）

品種 大致上來分的話有柔軟、味道甜的甜玉米，不很甜但是有黏性的糯米玉米，以及皮比較硬被火一燒就會爆開的爆米花品種。

甜玉米

Honey Bantam, Peter Corn 等叫做 Super Sweet 的改良種。

硬質玉米

各式各樣的顏色與形狀。口感稍硬，但不需要如硬質玉米加工來吃，水煮或燒烤吃也很美味。

爆米花玉米

黑色、黃色、白色等很多種顏色，一般用來做玉米澱粉、玉米粉等。日文亦稱「糯玉米」，據說16世紀傳來到長崎縣。

性質 選擇日照排水良好、稍微肥沃的地方。日夜溫差大、日照時間長，玉米比較甜。

■下種（4月中旬～5月中旬）

・玉米靠風來受粉，播2條比播1條好。很容易雜交，不同品種不要種在附近才不會有差錯。

・一粒一粒的條播，也可以在盆缽育苗，右圖是每30cm點播2粒的情形。

・條間距離約60cm、株距約30cm，為了兼具防止鳥害的作用，不要割除草，只在播下種子的地方稍微拔除一些草，種子播深一些。

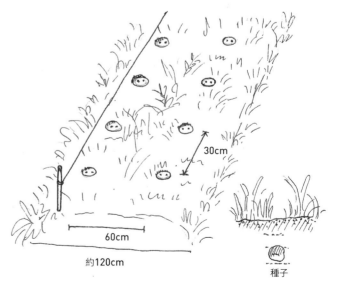

30cm

60cm

約120cm

種子

■ 發芽和疏苗

· 氣溫適當的話，下種後約1星期就會順
　利發芽了。

· 在本葉有3～4片時，為了讓在草中發
　芽的幼苗照到陽光，割除周邊的草。同
　時拔除或剪去另一株幼苗，留下較為健
　壯的。

· 假使在沒有草的地方條播時，用長的茅
　草覆蓋在上面可兼具防止鳥害。

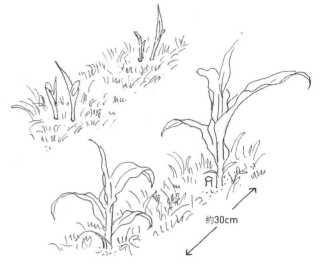

約30cm

■ 摘除腋芽

· 從地面處盡快把腋芽摘除。

· 玉米到了這個時候會一下子長大，因為
　喜好陽光，所以要割除周邊的草。

腋芽　　　　　　　　腋芽

■ 受粉

· 玉米是極為健壯的作物，仔細一看其根
　部有許多支根，有如紅樹林一樣的強
　勢。但因為植株很高，在有強風的地區
　恐怕會有倒伏的危險，所以要選擇風比
　較弱的地方栽培。

· 一株玉米有所謂的雄蕊和雌蕊，雄蕊的
　花粉隨風運送到雌蕊。因為很容易雜
　交，所以要種其他品種時應離開遠一
　些。

· 果實的大小是從上到下的順序，假使要
　摘除的話則摘除下段的果。

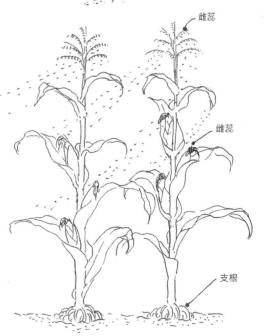

雌蕊

雌蕊

支根

■採收

① 甜玉米
  糯玉米
  適合在柔軟時候煮、燒烤後食用

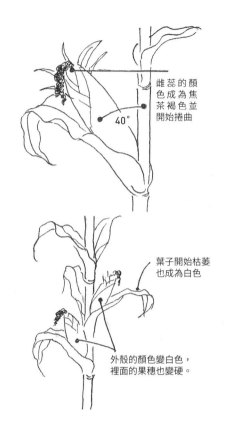

雌蕊的顏色成為焦茶褐色並開始捲曲

40°

・果實是否可以食用的指標，是雌蕊的顏色成為焦茶褐色(最初是帶有白色的綠色，漸漸的轉變成茶褐色)，另一指標是玉米的果穗和幹莖分開成40 夾角。

・玉米的甜度會隨時間消失，24小時後幾乎剩下一半，因此採收後要馬上煮比較好。

葉子開始枯萎也成為白色

② 糯玉米
  爆米花玉米
  適合粉碎、加工後食用，或用來作爆米花

外殼的顏色變白色，裡面的果穗也變硬。

・包裹果穗的外殼變白色、乾燥狀態時採收。用手握時可以感覺到果實的硬度。因為若果實還柔軟時採收，就需要乾燥，果實會有皺紋。

■採種

・和爆米花玉米的採收一樣的程序。確認包裹果穗的外殼變白色、呈乾燥狀態、用手握時可以感覺到果實硬了就摘下來。太過遲採收若遇到下雨會發霉。

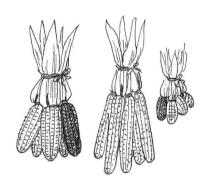

・在通風良好處吊掛起來，包裹果穗的外殼不要去除，依不同種類綁起來吊掛。

・要下種時一粒一粒的剝下來下種即可。

■保存

・煮熟後保存在肚子裡面是最好的。

・甜玉米的甜度和新鮮度一樣，會隨着時間的流逝而下降。假如無論如何都必須放一晚上的話，就和在田裡一樣，把果實直立放在紙箱或其他容器裡。

・糯玉米、爆米花玉米和種子的保存方法一樣，吊掛在通風的地方，每次使用須要的量。

果菜類

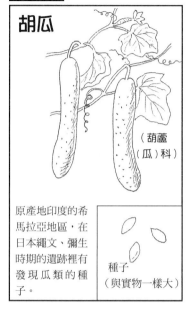

胡瓜

（葫蘆
（瓜）科）

原產地印度的希馬拉亞地區，在日本繩文、彌生時期的遺跡裡有發現瓜類的種子。

種子
（與實物一樣大）

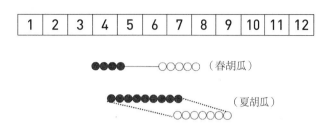

（春胡瓜）

（夏胡瓜）

品種 種類的分類有下列幾種分法：

· 直立性的和匍匐性的品種需架設支柱，讓從籐蔓生長出來的卷鬚可以纏繞。有直立性胡瓜和在地面匍匐的匍匐性胡瓜。

· 主藤蔓結果的品種：主籐蔓的第一節開雌花，而後幾乎每節都開雌花的品種；這叫做春胡瓜，有夏秋節成、加賀節成等。

· 側藤蔓結果的品種：主籐蔓不開雌花而在子籐蔓、孫籐蔓的第一、二節一定開雌花的品種；這叫做夏胡瓜，夏天也會活的很好。有翼、奧路、常盤綠等。

· 依疣的種類分：有白色疣的胡瓜。是夏天很好種的品種，很適合夏天露地栽培。現今能容易入手的幾乎是這個品種，如四葉胡瓜。有四葉胡瓜、幸風、夏珊瑚、五月綠等。還有黑色疣的胡瓜；抗低溫性強，很多就是春胡瓜。

· 其他：加賀太胡瓜，果身粗短，石川縣特產。

　　 ：如葡萄一樣具有果粉的和不具有果粉的胡瓜，不具有果粉的胡瓜是被改良過的。

性質 同樣是葫蘆科作物，西瓜是喜好乾燥的土壤，胡瓜是喜好富含水分、排水良好的土壤。避免葫蘆科作物之間的連作。又開雌花後的10天前後就可以採收，且會接續的結果，但採收期間短。所要選擇適當品種，分為3次錯開下種期下種，整個夏天都可採收。

■下種

直立性種植：

· 下種時期依品種而異，從3月中旬到7月中旬為止(東北地方高冷地從4月中旬到6月上旬)。稍為錯開下種期分為3次下種，可以有長的採收期。

· 依菜畦的寬度可以下種1條或下種2條。右圖是1.5m寬度，株距50cm下種2條。

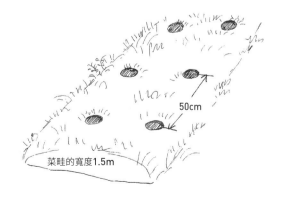

50cm

菜畦的寬度1.5m

匍匐性種植：

· 匍匐性胡瓜如白胡瓜、真桑胡瓜，不架設支柱也
  可以，因此菜畦要加寬比較好。

· 也可以利用較寬的菜畦，和其他直立性蔬菜混生
  栽培，如秋葵或玉米等。

· 不論是直立性的或匍匐性的栽種，只要在下種子
  的地方，稍微割除表面的草，並薄薄的刮去土壤
  表面，播下種子。

· 覆蓋土壤的厚度要剛剛好能夠把種子蓋過，再用
  手輕壓。

· 最後覆蓋枯草或是割下的青草，這也是為了防止
  乾燥。沒有必要灌水。

■ 發芽和疏苗

· 下種後約5～6天就發芽了。覆蓋在上面的草會
  和幼苗纏繞的話，稍微除去一些。

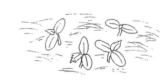

· 發芽後幼苗的葉片重疊擁擠時，留下看起來健康
  的苗，其他用剪刀剪掉加以疏苗。

· 最後疏苗疏到一處只有1株。疏苗覺得可惜的
  話，可以移植到其他地方種植。

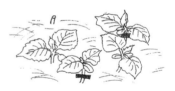

■ 架設支柱

· 準備竹子當支柱，組成三角，在約1.5m高的地方
  加上橫木，用繩子綁起來以
  防止倒下。

繩子

約2m

約1.5m

・胡瓜並不是以它的籐蔓去纏繞支柱，而是在每一個支節長出來的卷鬚感應到可抓緊的地方去纏繞的。因為有這樣的特性，所以組合支柱時要用帶有許多枝條的竹子來組合，讓卷鬚容易纏繞。

・本葉有4～5片時疏苗疏到一處只有1株，最初可用繩子引導植株到支柱或是橫向拉出的繩子上。

・要留意胡瓜容易被折斷，繩子要以「8」的字形寬鬆的綁住。

・當周圍夏天的草也開始要強勢茂盛起來時，隨時割除草並將之覆蓋於菜畦上面。

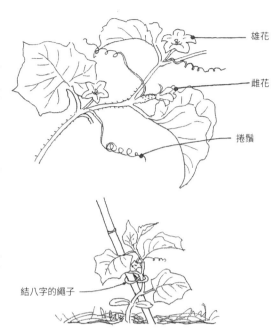

雄花
雌花
捲鬚
結八字的繩子

■ 有關摘芯

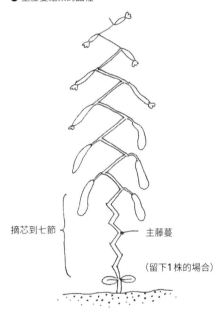

●主藤蔓結果的品種

摘芯到七節
主藤蔓
（留下1株的場合）

主藤蔓結果的品種，主藤蔓的第一節開雌花，而後幾乎每節都開雌花。

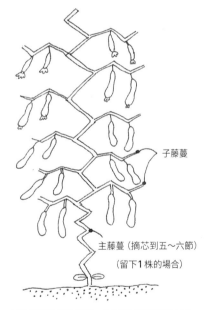

●子孫藤蔓結果的品種

子藤蔓
主藤蔓（摘芯到五～六節）
（留下1株的場合）

子孫藤蔓結果的品種，主藤蔓不開雌花而在子藤蔓、孫藤蔓的第一、二節一定開雌花。

※ 在此說明了有關摘芯的過程，然而自然農是不必摘芯的，依地力會有適當的採收。以採收量多為目的摘芯，反而會使植株衰弱。

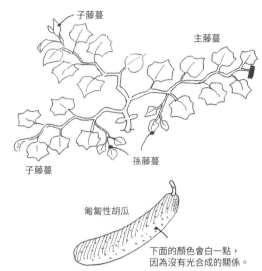

子藤蔓

主藤蔓

子藤蔓

孫藤蔓

匍匐性胡瓜

下面的顏色會白一點，
因為沒有光合成的關係。

■ 匍匐性胡瓜的栽培方法

· 因為不必架設支柱，栽培管理上比較不費事。在強風吹襲的地方，種匍匐性的胡瓜，可不必有抗風對策。

· 匍匐性胡瓜的品種，即使放任不管，也可以結許多果實，任其自然生長反而不會使植株衰弱，可以享受長期採收的樂趣。

· 匍匐性胡瓜的品種，和其他的瓜類一樣，是在菜畦上直躺下來，所以不要讓地面裸露，草太少時，可割土堤上的草覆蓋在菜畦上。

■ 生長和採收

· 進入夏季，草強勢的茂密起來。為了使胡瓜的幼苗不輸草而能接受到陽光，要顧慮植株周邊的草，和其他作物一樣必要隨時割草，割下的草覆蓋於菜畦。

· 直立性的胡瓜，要時時查看卷鬚有無好好的捲繞在支柱或繩子上。若無則利用繩子將之導引上去。

· 葉片的生長勢力衰退，葉色帶有黃色生長不佳時，在離開根部有一些距離的地方補充一些豆粕或米糠。

· 據說早上採收的胡瓜最好吃。胡瓜一天一天漸漸長大，適當大小的要早一些享用。

· 採收多時可以作成各式各樣的保存食品。

■ 關於採種

· 胡瓜有雌花和雄花，與南瓜和西瓜不一樣的是無受粉也會結果實。受粉過的果實裡面有種子，但無受粉果實裡面沒有種子。又雌花或雄花並不是在形成花芽的時間點就決定的，而是在這個時間點的諸多條件下被決定的。有一種說法是，氮肥過多時只會開雄花。

· 胡瓜是吃未成熟果的，要採種子時須等到變成黃色，選擇稍微柔軟的浸泡在水裡，然後切開，剝下、取出種子，下沉的種子充分清洗陰乾、乾燥後保存。

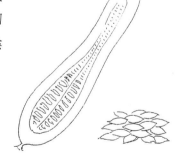

胡瓜的故事

故事1 在江戶時代的文獻「菜譜」(貝園益軒)寫到「胡瓜是瓜類的下品、味道不佳、具有微毒…」。這有其理由,在當時,瓜類以白瓜和香瓜為主角,這些是黃熟時甘甜味道佳,反之胡瓜黃熟時會有酸味,而且以前的品種蒂附近會有苦味,似乎沒有那麼受歡迎。

胡瓜受到歡迎是在江戶時代的末期「和漢三才圖繪」等記載着「無毒、退熱、止喉嚨渴、利尿…」。加上在江戶時代,將新上市的作物和魚等視為至寶已成為風氣,因為大家互相競爭搶先上市所以頒布了「蔬菜提早出貨的禁止令」,例如規定竹筍4月、甜瓜5月、香瓜6月那樣的出貨時期,胡瓜沒有被視為至寶,因此沒有被列在禁止令裡面,這件事情反提高胡瓜的人緣受到歡迎。

胡瓜確實有使夏天酷暑變得涼爽的清爽食感。看一下漢方生藥的效用瓜類都是寒藥(冬瓜、香瓜、烏瓜等)吃胡瓜的時候也是只有在夏天,這是當然的事情。

——參考《一面培養一面玩(11)胡瓜繪本》,農文協

故事2

胡瓜

葵元紋

福岡在博多有「博多山笠」的慶典活動。博多一如往昔,每一個街區都會準備「裝飾的山笠」和「追跑的山笠」,街區的男眾在7月15日的清晨,抬着山笠賽跑,是競爭速度非常激烈的慶典活動。

這個慶典活動從7月1日開始,遵守各式各樣自古以來的老規矩來準備,據說其中有一條是「不吃胡瓜」。

這是因為胡瓜切成圓片的模樣和櫛田神社的御紋相似,好像是吃了御紋會受到處罰。不過我懷疑有可能是男眾們的慶典活動的血氣和熱氣不想被冷卻,想一鼓作氣湧上來之故。

江戶的武士們也因為胡瓜和幕府的葵之紋相似,胡瓜的模樣就有如私底下持有御紋,這真是太不像話了,所以絕不切成圓狀。

故事3

為什麼河童喜歡胡瓜?

有各式各樣的傳說。但是依據小時候看過的《河童!出來吧!》繪本,河童頭頂上的碟子是牠的生命,碟子若乾涸了的話牠就活不了,所以河童上了陸地,就要求有水靈靈的胡瓜拿來啃食……就是這樣。

又河童在九州也稱為水天狗,據說是水天宮(水神)的家臣。管理水田之水是水神的工作,當繁忙的時候河童也會來幫忙。據說小孩子最喜好的河童,以拔掉進入河裡的小孩子的屁眼為樂,小孩子為了他的屁眼不被拔掉,必須將河童最喜好的新上市的胡瓜在這個時候放流到河裡。胡瓜、河童、水神和稻作,很有趣的連結。

南瓜

（葫蘆（瓜）科）

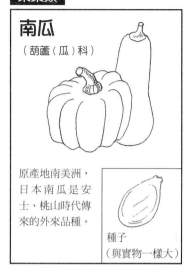

原產地南美洲，日本南瓜是安土、桃山時代傳來的外來品種。

種子
（與實物一樣大）

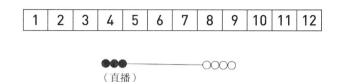

1	2	3	4	5	6	7	8	9	10	11	12

●●●───────────○○○○
（直播）

品種 大致上可以分為日本南瓜、西洋南瓜、美洲南瓜。

・日本南瓜：水分多甜味少，稍有黏性。不容易煮爛。食用開花後30天的未成熟果。葉片上有刺。（小菊、鹿谷、日向、備前縐紗黑皮、會津等）

・西洋南瓜：甜味強乾爽好吃，完全成熟才可以吃，葉片上沒有刺。（惠比壽、Delicious、鈇、東京、頑固、紅芳香等）

・美洲南瓜：果皮硬，有各種色彩及形狀，節瓜（zucchini）也是其同類。果柄硬、果實的着生處有台，葉片上無刺。有節瓜、迷你南瓜、金絲瓜、玩具南瓜、Table Queen 等。

性質 稍微帶乾燥性質的土壤、日照良好的地方比較好，屬於瓜類但可以連作。會伸展非常長的籐蔓，必須要有寬廣的菜畦。

■下種

・若要作專用的菜畦，菜畦的寬廣要有3～4m。選擇排水良好、日照良好的地方。

・直播或在盆缽內育苗後移植皆可，也可以利用果樹旁有日照之一側、或土堤的斜坡來種植。

・從4月中旬到5月上旬，選擇內容物充實、結實的種子，一處播3～4粒。選定位置，事先豎立一支木棒，割除草約20cm，刮掉土壤表面、整地後播下種子。覆蓋土壤要剛剛好能夠把種子蓋過的程度。再用手輕壓以防乾燥。

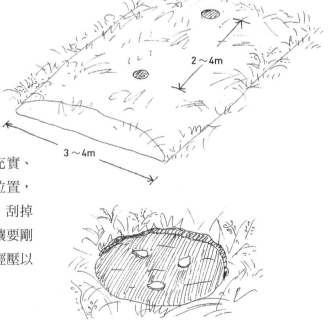

■發芽和疏苗

· 土壤溫度升不上來時，就需要多一些時間，否則下
  種後約1星期就發芽了。
· 種子大、芽也大，從地面強而有力，便伸出頭來。
  此時上面覆蓋的草若妨礙到發芽時將之除去。
· 發芽後15天前後長出第一片本葉時，疏苗到只剩2
  株。
· 當本葉有2～3片時再次疏苗到只剩1株。移植的話
  也是在此時進行。

■生長

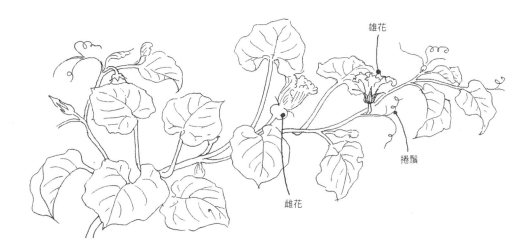

雄花

捲鬚

雌花

· 籐蔓伸展時，可割除籐蔓下面的草鋪在地面，使果實不要直接接觸到土面，可以保護果
  實不受到傷害、正常生長。
· 南瓜不像其他的瓜類一樣必須摘芯，可任其伸展。
· 籐蔓伸展的前方被草所覆蓋、錯失割草時機時，若慌慌張張的割除會把纏繞草的卷鬚一
  併割除。在這種情況下，反而是放任其生長對南瓜比較好。

■採收

· 日本南瓜採收是在開花後30天前後，外側的皮稍微有果粉，果臍周邊的果實充分脹大
  時；西洋南瓜是在果柄的地方變硬、木質化作為指標。

■保存

· 南瓜採收後與其馬上食用，不如等待更成熟以後食用比較好吃。
· 採收後，放置在陰涼通風的地方(氣溫20～25˚C)約10天。這時是最好吃的。
· 在陰涼、曬不到太陽的地方(理想是10˚C前後)保存60～70天是不成問題的。

■採種

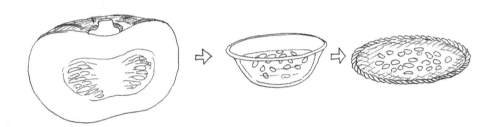

種子也可食用，很美味。

· 西洋南瓜完全成熟是食用的時機；日本南瓜、美洲南瓜是過了食用的時機，果柄的地方變硬、木質化為指標，等完全成熟才取出。
· 首先切果肉成兩半，用湯匙挑出，在水中充分洗淨只取出種子。
· 南瓜的種子幾乎都會浮上來，把種子陰乾乾燥後觸摸看，捨棄沒有內容物、薄薄的、不會膨脹的，剩下的好好保存。

南瓜的故事

　　先前就有寫過，日本的南瓜是原產於南美的作物，1542年葡萄牙的船漂着到豐後(大分縣)，1549年向身為基督教徒的領主大友宗麟請求許可貿易時，獻上南瓜。

　　因此南瓜的別名叫做南京。去年從鄰居獲得的Bōbura南瓜是葫蘆的形狀，外皮帶有白色，裡面是橘色，味道接近於日本南瓜的味道，現在想起來可以歸類為美洲南瓜，很好吃。種子只存在於下半段，上半段沒有種子，因此不會覺得它是南瓜。

　　這個Bōbura的名稱也是從葡萄牙語的abobora而來，是南瓜的意思。因為地區的不同，也有人把南瓜稱為唐茄，這是從唐朝，也就是中國傳進來的茄子的意思，指從中國傳進來的南瓜的形狀像茄子那樣長。名稱裡也隱藏了歷史。

　　　　　　　　　　　　　　——參考《一面培養一面玩(12)南瓜繪本》，農文協

大白瓜

（葫蘆（瓜）科）

原產地亞洲東部。醍醐天皇時代即留下記錄。

種子

1	2	3	4	5	6	7	8	9	10	11	12

●●●━━━━━━━━━━○○○○○

品種 大白瓜幾乎都是被利用做為漬物。適合於各種用途的有各式各樣的品種。主要的有：東京早生、東京大越瓜、阿波綠越瓜、柱大白瓜等。

‧有斑紋的有：青大長縞瓜、黑門青大越瓜等。

性質 大白瓜本來就是亞熱帶的亞洲原產，在溫暖日照良好、排水佳的地方比較好。最好也要選擇有保水力的地方。生性健壯在草中也不會輸地結果實，據說不耐移植，用直播或在盆缽育苗即可。不喜連作。

■下種

❶盆缽育苗

‧盆缽育苗主要是，田地離家很遠，在院子裡很小的空間即可以育苗，且害蟲的危害比較少、育苗成功率高。

‧在直徑8～10cm左右的盆缽裡裝入土壤約8分滿，每盆缽播下3粒種子。覆蓋土壤要剛剛好能夠把種子蓋過的程度，再用手輕壓。所有的盆缽都播下種子後澆水。

‧盆缽育苗時每天要澆水。

幼苗長得像胡瓜與香瓜，建議貼標識。

從上方看

❷直播

（在盆缽育苗的移植也可按照這株距）

‧直播的比盆缽育苗的苗大，而且健壯。其作法與胡瓜相同，只在下種處割草約15cm，土壤表面整地後播下種子。覆蓋土壤要剛剛好能夠把種子蓋過的程度。再用手輕壓以防乾燥。

‧最後覆蓋枯草，防止乾燥。直播時沒有必要灌水。

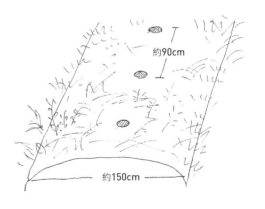

約90cm

約150cm

■ **發芽和疏苗、移植**（以盆缽育苗時）

· 下種後約1星期就發芽了。上面覆蓋的草和發芽後的芽纏繞時，可輕輕除去草以免妨礙到發芽。

· 當本葉有2片時，疏苗到只剩1株比較健壯的。

· 盆缽育苗的場合要早些疏苗至只剩1株，本葉有3～4片時，移植到菜畦。在傍晚或下雨之前移植比較好。

· 土壤乾燥時，灌水進入植穴。水自然的滲入土壤後，把幼苗放進去。

■ **生長和整枝**

· 隨着氣溫的上升，強勢的生長茂密起來。不只是大白瓜，真桑胡瓜、匍匐性胡瓜、西瓜一般來說都要整枝，通常是讓每1株結果實多一些，那就是讓果實只結在孫藤蔓。但是結果實太多反而會使葉片數目減少，植株衰弱無法使果實完全成熟。嚴重的話中途就枯死掉了。因此在自然農是不摘芯的，順其自然，依照植株的生命力結適當數量的果實，可以採收更為健康、好吃的果實。

· 超出所準備的菜畦寬度時，會妨礙到其他作物的生長，假如在菜畦與菜畦之間的溝結果實的話，會遇到濕氣，使植株衰弱。這時要把藤蔓的先端移動一下改變伸展的方向，或摘除先端。

· 割下藤蔓先端的草，墊在果實下方，則果實比較不會受到傷害。夏天的草強勢生長來不及割草時，與其硬要把被卷鬚纏繞的草一併割除，不如放任反而是比較好的。在草中有時候會有很大的果實。

摘除先端的場合

■着果

- 大白瓜的花有雄花和雌花，在每1孫
  藤蔓開1～2朵雌花。結的果實每天
  變大，大約開花後20天就可以採收。
- 要使果實不直接接觸到土面，可放置
  在割下的草上面，當草量少的時候，
  割下周邊的草來鋪設。要顧慮到下雨
  時果實不會受到傷害。

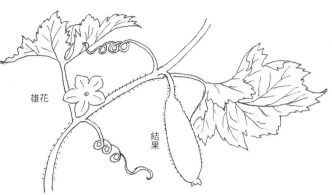

雄花

結果

■採收與保存

- 大約是開花後20天為指標來採收，判斷是適當
  大小時就採收。太大的話會變硬。
- 正如大白瓜的別名叫做醃瓜，做成醃漬物是最好
  的，如粕漬、淺漬、床漬、味噌漬等。作成醋醃
  漬物或熱炒，也有意想不到的美味。
- 自家醃漬時，數量無法一次就備齊，可分為2～
  3次醃製，食用時也可依序順延。

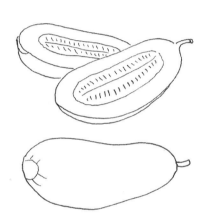

■採種

- 和胡瓜一樣，採種子時須等到完全成熟。從健康
  培育出的健壯幼苗當中，留下漂亮的果實直到變
  硬。
- 充分成熟後，剖成2片，挑出種子，在裝有水的
  容器內清洗，放在竹籠涼乾。

- 充分乾燥後，保存於瓶子或袋子裡。瓜類的種子
  都很類似，要確實的貼上標籤，記上名稱、採種
  年、月、日。
- 若保存狀態良好的話，大白瓜的種子將可以保存
  4～5年。

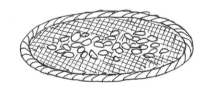

冬瓜
（葫蘆科）

種子
（與實物一樣大）

原產地東南亞
或澳洲東部。

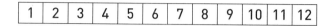

1	2	3	4	5	6	7	8	9	10	11	12

品種　品種並沒有那麼多，有小冬瓜、長冬瓜、大丸冬瓜、琉球冬瓜等。通常早生的比較小，晚生種比較大且呈圓筒形。

性質　是高溫作物，生長溫度25～30˚C，在瓜類當中其生長期間是屬於比較長的，在關東以西的區域都生長得很好。味道淡薄，採收後可以保存整個冬天，所以稱為冬瓜。植株強健且任何土壤都容易栽培。

■下種

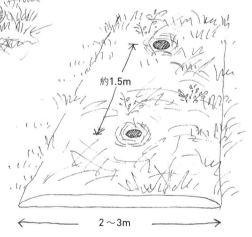

約1.5m

2～3m

· 菜畦採取2～3m的寬度，或是在日照充足的果園各處，選擇藤蔓能夠旺盛伸展的場所。

· 在菜畦上面植株的間距有1.5m即可。

· 因為不喜移植所以用直播，用盆缽育苗的話也可以移植。

· 在下種處割草約10cm，刮掉土壤表面、整地後播下3粒種子。

· 種子很硬，為了防止乾燥，覆蓋土壤要比較厚一些，約6～7mm。再用周邊割下的草覆蓋。

■發芽

· 下種後約5～6天發芽。

· 發芽後的雙子葉很大，草覆蓋到雙子葉時細心的將之除去。為了發芽後的芽能夠充分照到太陽，要割除周邊伸展的草。

■疏苗

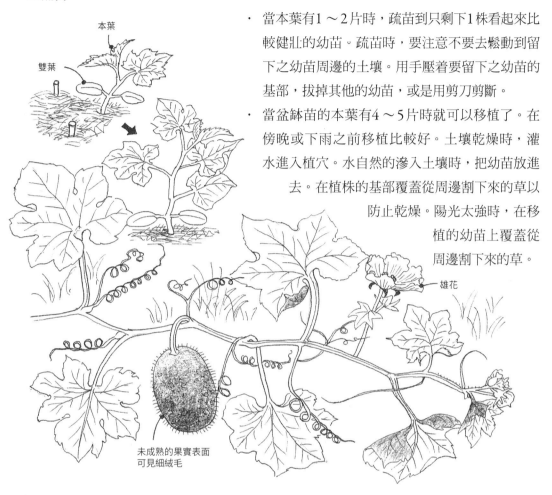

本葉

雙葉

雄花

未成熟的果實表面
可見細絨毛

- 當本葉有1～2片時，疏苗到只剩下1株看起來比較健壯的幼苗。疏苗時，要注意不要去鬆動到留下之幼苗周邊的土壤。用手壓着要留下之幼苗的基部，拔掉其他的幼苗，或是用剪刀剪斷。
- 當盆缽苗的本葉有4～5片時就可以移植了。在傍晚或下雨之前移植比較好。土壤乾燥時，灌水進入植穴。水自然的滲入土壤時，把幼苗放進去。在植株的基部覆蓋從周邊割下來的草以防止乾燥。陽光太強時，在移植的幼苗上覆蓋從周邊割下來的草。

■生長

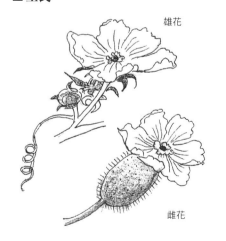

雄花

雌花

- 冬瓜的果實是結在子藤蔓，在主藤蔓的第7節摘芯的話會伸長出許多子藤蔓，但自然農不摘芯，可視該地區的地力讓它結出適當數量的果實。
- 冬瓜的生命力很旺盛，從掉落的種子長出來的芽，即使不做任何照顧也可以結2～3個冬瓜。
- 藤蔓的生長勢力很強，割除藤蔓要伸展之先端的草覆蓋在地面，爾後即使有草蔓延，冬瓜也會很健壯的結果實。

■採收

· 冬瓜的未熟果實，大約7～8cm非常小的
  時候就可以摘下來生吃。

· 採收通常是在開花後大約25～30天完全
  成熟的果實。

· 觀察指標是覆蓋在果實表面的細絨毛掉落
  時為完全成熟。依品種的不同，有些是隨
  着果實的成熟會撲上白色粉末，但有些品
  種完全不會變白色，應確認品種的特性。

· 瓜蒂繫在莖幹的地方很牢固，要用鐮刀或
  菜刀切下。

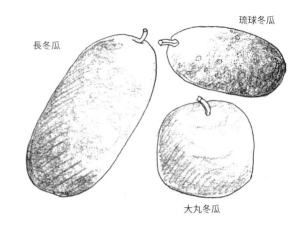

長冬瓜　琉球冬瓜　大丸冬瓜

■保存

完全成熟的冬瓜，採收後可以保存整個冬天，所以稱為冬瓜。切開了的話只好早些吃
完，在冰箱可以保存3～4天，大的冬瓜可以和親友分享，很好。

■採種

· 冬瓜不會和其他的瓜類雜交。等到果實完
  全成熟可以吃的時候，也是採種的時候。

· 白色半透明的果肉中央有空洞的地方，密
  密麻麻長滿種子。採下種子、洗淨、曬太
  陽，完全乾燥後保存。

· 冬瓜種子在常溫下可保存3年。

苦瓜
（葫蘆科）

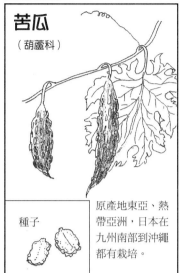

1	2	3	4	5	6	7	8	9	10	11	12

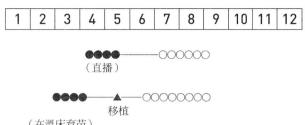

（直播）

移植

（在溫床育苗）

種子

原產地東亞、熱帶亞洲，日本在九州南部到沖繩都有栽培。

肥大綠　　　　　　長苦瓜

品種 果實的長度有10～15cm的短果種、25～30cm的長果種，顏色有濃綠色、淡綠色、白色等，在琉球稱為 Goya，在鹿兒島、宮崎則稱為 Nigagori，日文學名叫荔枝或蔓荔枝。品種有薩摩大長苦瓜、濃綠、肥大綠、肥大苦瓜、白苦瓜、台灣白等。

性質 果實正如其名非常的苦，據說盛夏時使身體清涼、營養價值很高。栽培時須要在25˚C以上的高溫，在夏天的高溫期很短的地區，有必要在溫床培養幼苗。幾乎接近於野生，若能確保日照和高溫，是很容易栽種的作物。可以和瓜類連作。

■下種

❶直播

· 據說發芽的必要溫度是25～28˚C。

· 適合於直播，但是在夏天高溫期較短的地區（25˚C以上的氣溫未滿4個月）要在溫床培養幼苗。

· 直播的菜畦必須選擇日照好、排水佳的地方。地力不用那麼好，還是會長的不錯。

· 在下種處割除直徑約10cm的草，刮掉土壤表面，若有草的宿根要撿除掉、整地。

· 每一處播下2～3粒種子。覆蓋土壤要稍微厚一些約1.5cm。覆蓋土壤後用手輕壓，再從周邊割下草覆蓋以防止土壤乾燥。

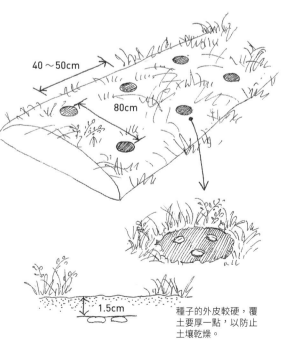

40～50cm

80cm

1.5cm

種子的外皮較硬，覆土要厚一點，以防止土壤乾燥。

❷在簡易溫室的育苗

・有關簡易溫室請參考p.212會有詳細說明。

・在此描繪出隧道形溫室的塑膠布，像這種作法也很有效果。

・每個裝有土壤的盆缽(3號左右)裡面下2～3種子。

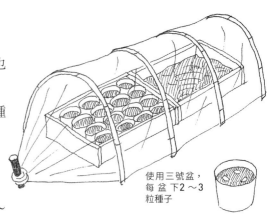

使用三號盆，每盆下2～3粒種子

■發芽和疏苗

・依當時的氣溫而有所不同，通常是下種後約8～13天就發芽了。

・和胡瓜很類似，在雙子葉當中，葉沿鋸齒狀的本葉就探頭出來，發芽後第10天，本葉就有3～4片了。

・本葉有5～6片時，若是直播的要疏苗疏到一處只有1株。疏苗時沒有傷害到根的話，可以移植到其他地方種植。

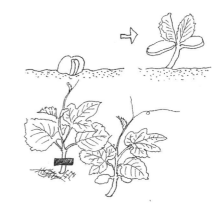

■移植 (在盆缽育苗)

・移植時要避免陽光直射的時候，在傍晚或下雨之前移植比較好。

・植株的間距約50cm左右，在菜畦上種植1條或2條，割草後，挖掘一個可以讓盆缽裡面的土也一起放進去的植穴，灌水進入植穴。

・水自然的滲入土壤時，把幼苗安安穩穩的放進去。把周邊的土壤再覆蓋回去，用手壓一壓。

・然後割下周邊的草來覆蓋，不要讓根基部裸露。顧慮不要讓土壤乾燥，直到當強烈的陽光照射幼苗時也能活着為止。

不要讓根基部裸露

發芽後約1個月會有本葉6～7片，身高25cm左右。

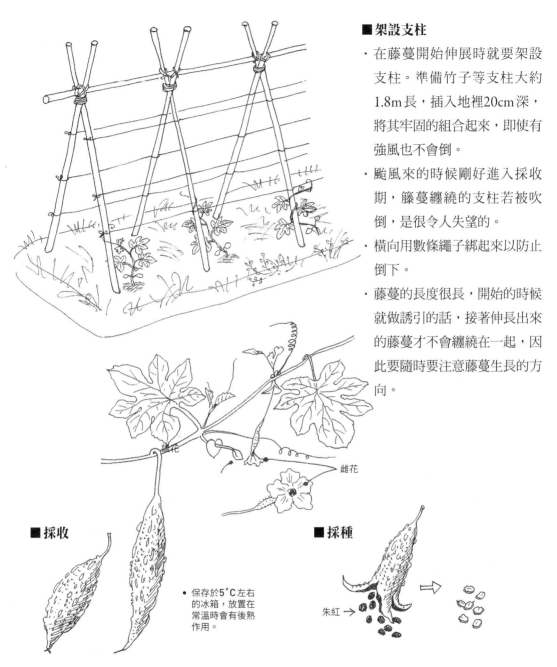

■雌花

■雄花

● 保存於5℃左右
的冰箱，放置在
常溫時會有後熟
作用。

■採收

■採種

朱紅 →

■架設支柱

· 在藤蔓開始伸展時就要架設支柱。準備竹子等支柱大約1.8m長，插入地裡20cm深，將其牢固的組合起來，即使有強風也不會倒。

· 颱風來的時候剛好進入採收期，籐蔓纏繞的支柱若被吹倒，是很令人失望的。

· 橫向用數條繩子綁起來以防止倒下。

· 藤蔓的長度很長，開始的時候就做誘引的話，接著伸長出來的藤蔓才不會纏繞在一起，因此要隨時要注意藤蔓生長的方向。

· 因品種的不同，採收期的大小觀察指標各有不同。綠色和白色品種的果實完全成熟後會帶有黃色或橙色，在這之前就必須採收。錯過這個時期果實也會變得堅硬，要在柔軟的時候早些採收。

· 果實放置到成為橙色時會自然而然的裂開，裡面有紅色的、濕的棉狀東西包裹種子。

· 在水中洗去紅色的部分，只留下種子乾燥後保存。

果菜類

青花菜

（十字花科）

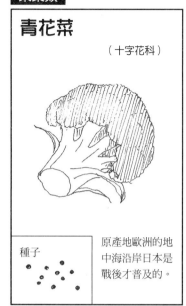

種子

原產地歐洲的地中海沿岸日本是戰後才普及的。

1	2	3	4	5	6	7	8	9	10	11	12

●●●●●
（夏播）△△△——————○○○

○○○○○○○

（春播）●●●——△—○○○

品種 有綠色和紫色的，近年來在植株中心的花蕾長不大的是具有許多小花蕾的品種（Stick Senor 等）。

・早生種、中生種、晚生種各自有許多的品種。Marimo(早生)、極早生綠、Green 18 (中生)、綠洋（中生）、Doshiko、Shuster、Green Hut、Grier、綠帝等。

性質 它和甘藍有同樣的性質。喜好日照良好、排水佳且要有些地力的地方。耐寒性強，與其春播不如秋播比較容易栽培；春播時在冷涼的地區要考慮用溫床等來培育幼苗。中心的花蕾採收後會陸續長出腋芽，可以長期享受採收的樂趣。

■下種

・和甘藍、花椰菜同樣，製作苗床育苗、移植，是通常的作法。

・用製作水稻苗床的要領準備好苗床。

・種子細小，於菜畦表面2～3cm厚整地後用木板壓平後下種。

・覆蓋土壤時只要能夠把種子蓋過的程度就可以。再次用木板輕壓，然後從周邊割下細的草來覆蓋。

・夏季下種時往往會遭受到昆蟲為害，在這種情況下，使用紗網覆蓋，可以防止昆蟲及強烈日照引起的土壤乾燥。

・寒冷地的春播反而需要在溫室中育苗，利用寒氣保護幼苗。（請參考p.212「有關溫室和溫床」）

簡單的溫室或紗網

■ 發芽和疏苗

· 條件適合的話，下種後約4～5天就發芽了。

· 雙子葉將要打開時，要細心的除去覆蓋在上面的
  枯草。

· 不如此做的話幼苗會長得纖細弱小，不僅無法長
  得健壯，而且疏苗的作業也很困難。有時候容易
  受到草叢裡的蟋蟀等為害。

· 疏苗要適宜，讓鄰接的幼苗保持葉片不要碰觸到
  的間隔。

■ 移植

· 當本葉有5～6片時就要移植。

· 若是在夏季下種，通常到要移植時，較少下雨、
  乾燥的時間比較長。因此要選擇下雨後的傍晚，
  或下雨之前進行移植工作。

當本葉有5～6片
時就要移植。

· 假如土壤乾燥的時候要移植時，要選擇在傍晚，
  移植前20～30分鐘苗床先灌水。如此做拔出幼
  苗的動作時，才不會傷害到幼苗的根。

· 依照要移植之菜畦的寬度，種植1條或種2條，
  株距60cm即可。

約60cm

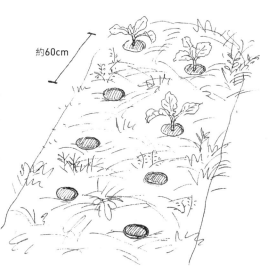

· 在草茂密的地方適度的割草，以免影響幼苗的生
  長。在要移植的地點撥開草挖掘植穴，把幼苗種
  下去。

· 此時，土壤是濕潤的話，則沒有灌水的必要，若
  有乾燥現象時，先灌水進入植穴。水自然的滲入
  土壤後，把幼苗放進去。在植株的基部覆蓋從周
  邊割下來的草以防止乾燥。

■生長

· 從移植後到根部活着為止，大概需要
　1～2星期的時間。

· 這段時間要留意土壤的乾燥狀況，連
　續的晴天有水分不足的現象時，可在
　傍晚一次充分灌水。養分要等到根
　部活着、開始生長時才補充，
　否則會造成作物的負擔，發
　生問題。

· 適合當作養分補充的東西：
　米糠、小麥麩、油粕、廚
　房廢棄物(要等作物
　沒有在生長時才能補
　充)等。

花蕾

■採收

· 8月下種的青花菜，到了12～1月左右是
　中間的頂花蕾採收時期。

· 爾後會陸續長出腋芽，到3月為止可以長
　期享受採收的樂趣。

· 頂花蕾採收後，再次補充油粕、米糠、廚
　房廢棄物於植株周邊即可。新鮮度是青花
　菜最為重要的。每次採收以吃得完的量來
　採收。

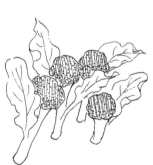

側花蕾周圍小葉子都
可以食用。

■採種

· 夏天下種的青花菜，到翌年5～6月花期結束了，結了許多細小的種子的果莢。因為是十字花科，要遠離其他十字花科作物(蘿蔔、油菜、白菜、青江菜)，否則容易發生雜交。

· 種子的果莢變成茶褐色、乾枯後，在晴天割取果莢。
攤開在布巾上，用木棒敲打使種子爆出來。

· 種子用篩子篩選，除去果莢、塵土。

· 採集的種子裝在瓶子保存記下採集的年度。青花菜和花椰菜的種子2年有效。有效年數和保存狀態有關。

篩子的細度為20號左右。

小小常識

在中國自古就有中醫、藥膳的世界，吃下去的所有食材所持有的性質(效能)對我們的身體多多少少具備有推動的力量。

這與現在的營養素和卡路里的認知有很大的差異。

即使健康的身體都會隨着季節的變化隨時在循環。把四季應景的蔬菜和穀物，與四季之人的身體的循環加以對照的話，必要的東西在必要的時期能夠領受得到真是令人欽佩。自己不由得要感謝能夠領受到這種恩惠。冬天使身體暖和、夏天使身體涼爽，也有幫助各自內臟內腑之活動的效果。若是我們的身體能夠領受到各季節的恩惠的話，便可以持續活出健康的生命。

順便一提，青花菜被稱為是「其生命是清涼的、吸取餘熱(涼解)不會留存水分，把多餘的熱能排出，使超過的陽氣發散」，花椰菜是「不熱燥也不下火(平)補充水分(潤)使往上衝的血氣沉着下來(降)」。

花椰菜

（十字花科）

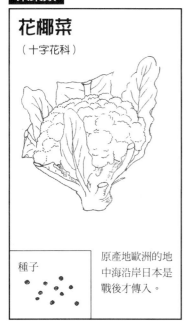

種子

原產地歐洲的地中海沿岸日本是戰後才傳入。

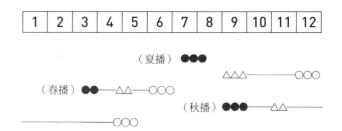

| 1 | 2 | 3 | 4 | 5 | 6 | 7 | 8 | 9 | 10 | 11 | 12 |

（夏播）●●●

（春播）●● △△ ○○○

△△△ ○○○

（秋播）●●● △△

○○○

品種 從極早生種到晚生種為止有許多品種，依品種的不同，下種的適當時期也不一樣。最容易栽培的時期是7～8月下種，冬天採收，春天下種也可以。品種中以花蕾是白色的最多，也有紫色和橙色的。白色的花椰菜當中，極早生的有富士、名月，早生的有野崎綠、Early、Snow Ball，中生的有野崎中早生、奧州中生，其他有白秋、秋月、Snow Crown、Snow Rock等。

性質 花椰菜和甘藍、青花菜是同類，依照其栽培方法去栽培即可。排水良好、具保濕能力、通風良好、日照良好的地方比較好。食用中央長出來的頂花蕾，但不能像青花菜一樣頂花蕾採收後再長出腋芽。因為必須要有些地力，所以要選擇豆科作物的後作等肥沃的菜畦。應避免每年在同一地點連作。

■下種
■發芽和疏苗
■移植
■生長

※依照青花菜的作法。請參考p.174～p.175。

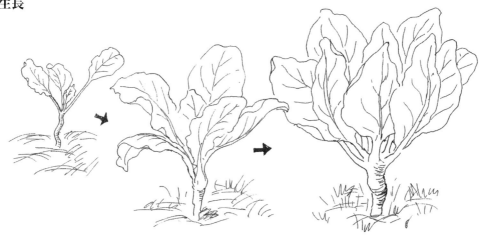

- 花椰菜的花蕾只有在中央長出一個花蕾。
  會感覺到採收了之後就沒了，所以就會想
  慢一點採收，但是錯失了適當的採收期的
  話，花蕾的顏色會從純白轉變成暗淡而開
  花，故應留意不要太慢採收。
- 一有花蕾時，常常會被烏鴉等小鳥啄食。
  所以整個菜畦上面用1～2條細繩張掛即
  可防止。
- 切下周邊的葉片1～2片輕輕的覆蓋在花
  蕾上面，使花蕾不會被看到，也有同樣的
  效果。

■採收和保存

- 花椰菜可以水煮或油炒來食用，新鮮度是
  最為重要的。保存時以潮濕的報紙包裹直
  立放在冷涼的地方。
- 通常直立的蔬菜要和在田園裡一樣直立的
  放置就可以保存比較長的時間，最合適的
  保存溫度為5℃左右。

■採種

- 花椰菜要採種的時候，留下一株看起來健
  康的花椰菜不要採收。
- 花蕾開後，許多花芽伸展出來一起開黃色
  的花，花椰菜是高度改良的作物，不完全
  的花多，結果實的比率低。
- 若要採種，一開始就必須留意遠離其他的
  十字花科作物。
- 種子的果莢變成茶褐色、乾枯後，在晴天
  割取果莢。攤開在布巾上，用木棒敲打
  使種子爆出來。種子用篩子篩選，除去果
  莢、塵土。採集的種子裝在瓶子保存。

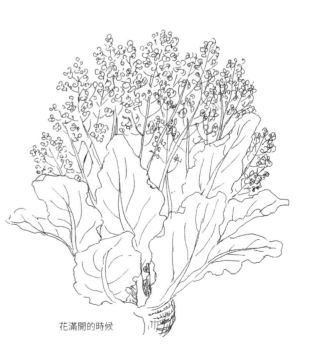

花滿開的時候

其 他

薑
（薑科）

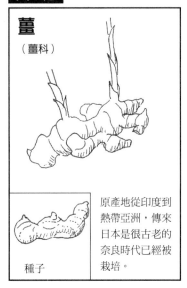

原產地從印度到熱帶亞洲，傳來日本是很古老的奈良時代已經被栽培。

種子

1	2	3	4	5	6	7	8	9	10	11	12

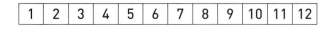

（葉薑的採收）　（根薑的採收）

品種 小薑有三洲、金時、在來；中薑有房州；大薑有近江、印度。在8～9月的生長途中，莖幹一起利用的幼嫩的薑，稱為筆薑、葉薑，這些是小薑比較適合。利用根薑的採收時間為10月以後，大薑據說不適合種在寒冷的地域。

性質 喜好高溫、多濕的土壤，具保水能力同時排水良好、稍微肥沃、半日照半遮蔭、土壤不乾燥的地方比較好。不喜連作，在12°C的低溫下容易腐爛。 薑是在種薑的上面長出子薑，在其着生處伸長出鬚根。子薑的皮薄、水分多，採收經過半年後，皮會變硬、顏色變得更黃色，可以當作種薑來利用。種薑長出子薑後就成為老薑。老薑有很多粗纖維，可充分利用，老薑也是中藥的一種。

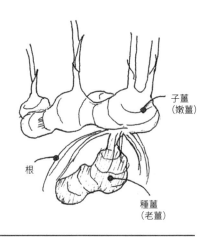

子薑
（嫩薑）

根

種薑
（老薑）

■ 種薑的栽種

・到了3月前後各家種苗店就有販賣種薑。一旦開始培育了，自己也可以保存準備種薑。

・選擇種薑，要選圓圓的摸起來飽滿沒有凹陷且結實的。

・大的塊根可以分割成數塊，每塊要保留有2～3個芽點(體)。

芽　　芽　　芽

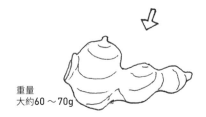

重量
大約60～70g

180

- 栽培薑的菜畦，要選擇中午以前照得到太陽、下午照不到太陽的地方，而且要避免前年度種過薑的地方。
- 薑地上部分的莖和葉生長後就會很健壯，幾乎沒有蟲害。剛生長的幼芽很容易折斷。在種植處接近地面的地方先把草割好，然後，拿多一點的枯草覆蓋在上面備用。
- 挖掘能夠容納得下種薑的植穴，深度10cm的植穴彼此間隔30cm，種下種薑。

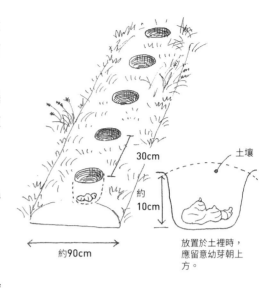

■ 發芽

- 覆蓋的土壤是該處挖掘出來的土壤，除去宿根性的根之後覆蓋，輕壓之後蓋上枯草。
- 發芽必須要在20°C以上，約經過1個月才會發芽。據說之後的生長溫度必須要在25～30°C。
- 剛發的幼芽很容易折斷，應留意。

■ 生長

- 隨着氣溫上升幼芽也伸展長大，想利用筆薑、葉薑時，8月前後新芽的粗細有1cm時，可用三爪鋤頭掘出整株。
- 新的子薑下面的種薑，好好保存還能種第二次，隔年再利用。
- 葉薑是紅色根部和綠色葉片對比很美麗，莖的部分留下10～15cm左右後切斷，作成甘醋漬，其清爽的香味在餐桌上很受歡迎。
- 只採收必要的量，其他的讓其生長使成為採收根薑。

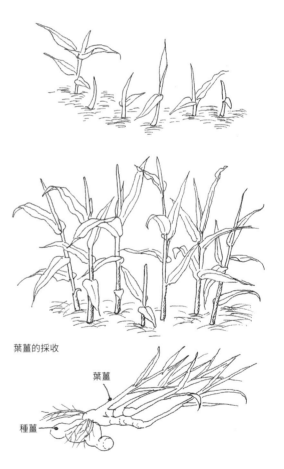

葉薑的採收

葉薑

種薑

- 夏天每下過一次雨，草的生長勢就強勁一些，雖然被遮蔭是好的，但如果太多會影響薑的生長。
- 每次分別只割除菜畦一側的草，並就地覆蓋。
- 薑的莖很容易折斷，割草時應十分留意。

■採收和保存

- 進入10月只挖掘要使用的，到了11月才挖掘所有剩下的薑。
- 薑不耐低溫，挖掘出來之後要和甘藷一樣保存在地窖中。
- 首先要切除薑的莖和鬚根，除去附着的泥土後，放在遮蔭的地方充分乾燥。在日照良好的倉庫、不會被雨淋到的的地方挖掘地窖鋪上稻草，和穀殼一起放進去再蓋上稻草，用木板和重石當蓋子。
- 即使在沒有這樣儲存空間的都會區大廈和街道的住宅裡，只要稍微動動腦筋，要保存到春天是有可能的。
- 薑不論是子薑或老薑都要充分洗淨，用刷子刷下間隙所附着的泥土。用日光充分乾燥。因為子薑將會是明年的種薑，要分割成適當的大小。
- 把每一塊仔細的用報紙包裹好放置在發泡棉的箱子裡。輕輕的重疊使增加通氣性、蓋子也稍微留下空隙蓋上，放置在廚房裡冰箱的上方。廚房是常常做料理的地方，所以會有適度的濕氣，越靠近屋頂越溫暖。

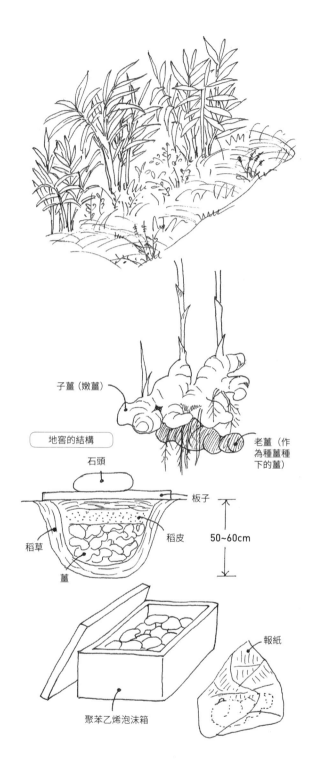

子薑（嫩薑）

老薑（作為種薑種下的薑）

地窖的結構

石頭

板子

稻皮

50~60cm

稻草

薑

報紙

聚苯乙烯泡沫箱

茗荷

（薑科）

原產地日本，
和自生種完全
相同。

用挖出來的根莖種植

| 1 | 2 | 3 | 4 | 5 | 6 | 7 | 8 | 9 | 10 | 11 | 12 |

（春植、早生～晚生）

（秋植，晚生）

品種 日本原產，和自生種完全相同沒有改良品種。有早生、中生、晚生，各地有其適應的在來種。群馬的陳田早生、長野的諏訪2號很有名。

性質 不喜好乾燥的地方，排水要良好、有濕氣、半日照半遮蔭的地方比較好。春天和秋天2次，挖出地下莖，把這些根莖拿去移植。

■種植根莖

・秋天種植的要從10月下旬到11月準備，春天種植的要在3月上旬購入根莖。種苗店裡也有在賣，因為繁殖力很強，從熟人或近鄰處很容易就可以得手。

・用圓鍬小心翼翼的挖出母株，把在地下水平擴展的根莖切成每段有3～4個幼芽的長度。

・在地下深度7～8cm的地方，每處3支，間隔30～40cm種下。覆蓋土壤後割下周邊的草以及枯葉等來覆蓋，不要讓土壤乾燥。

■採收

・氣溫到了13°C以上時，芽開始伸長出來。地上部分的葉片也茂密起來，到了夏天，花蕾的部分，也就是茗荷開始探頭出來。在尚未開花之前將之摘除掉。

■分株

・經過4～5年後花蕾的着生漸差，如圖①那樣分株後重新種植。

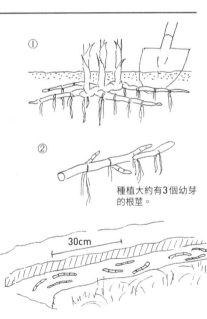

①

②

種植大約有3個幼芽
的根莖。

30cm

④

蘆筍

（百合科）

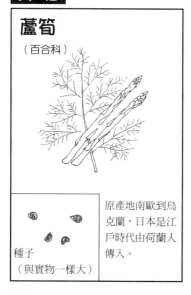

種子
（與實物一樣大）

原產地南歐到烏克蘭，日本是江戶時代由荷蘭人傳入。

1	2	3	4	5	6	7	8	9	10	11	12

（溫暖的地方之移植）
●●●●●●●●————————△△△

（寒冷的地方之移植）
————△△△△

（第三年）
○○○○

（第四年）
○○○○○○————（可採收 10 年左右）————

品種 有歡迎 (Welcome)、綠塔 (Green Tower)、美好華盛頓 (Merry Washington)、奈加拉金 (Niagara Gold)、淋雨 (Shower) 等品種。白蘆筍是綠蘆筍的幼芽，在尚未伸出地上部之前用許多土壤去培土，純白的幼芽從土壤中採收，其實是相同的品種。

性質 一次栽種之後可持續採收10年。日照良好、排水良好、稍有肥力的地方較適合。

■下種

· 首先要準備苗床。寬度90cm左右的菜畦種2條，120cm左右的菜畦種3條。

· 在欲下種的地方割除10cm寬的草，並刮掉土壤表面。若有草的宿根要撿掉，同時整地。

· 10cm的間隔每一處播下3粒種子。覆蓋土壤到剛好可以蓋過種子的程度。再用手輕壓，最後覆蓋從周邊割下來的草以防止土壤乾燥。

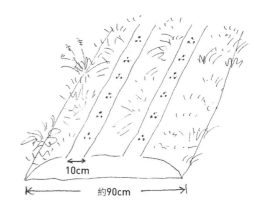

10cm

約90cm

■發芽和疏苗

· 約需15 ～ 20天才能發芽。

· 纖細弱小的幼苗伸長到10cm左右時，要疏苗疏到一處只有1株。

· 疏苗時，一隻手握住莖的基部，另一隻手壓住其他幼苗基部土壤，迅速的拔出來。

· 幼苗周邊的草迅速加以割除。

■移植

· 在夏天着手整理，讓幼苗不輸給周邊的草。到
   了秋大莖幹的數目增加到5～6支，高度也達
   到約40～50cm，此時就要移植。在溫暖的地
   方可於11月前後移植，若在寒冷的地方冬天
   不易成活，要在翌年4月進行移植。

· 菜畦的寬度120cm，株距30cm左右。

· 蘆筍種植後可以連續採收10年，不限定於菜
   畦，在田園的一個角落或庭院的一隅只要能夠
   確保可以使用10年的地方都行。(自給自足型)

· 割除整個菜畦的草覆蓋於地面，依照植株的間
   隔挖掘植穴。

· 移植時要選擇傍晚，或下雨之前進行移植工
   作。土壤若是乾燥時，先灌水進入植穴。水自
   然的滲入土壤後，把幼苗放進去。

〈冬天的狀況〉

· 在植株的基部覆蓋從周邊割下來的草以防止乾
   燥。

· 到了冬天地上部會枯死，一旦枯死後從根基割
   下覆蓋於地面。

· 據說蘆筍須要地力，若要補充的話，可在冬天
   用一些米糠或菜籽粕、麥麩，撒佈在割下來的
   枯草上，然後用木棒輕輕的敲落於地面。

· 採收是從第3年的春天開始，第3年留意只採
   收40天左右，之後讓植株生長。

· 第4年可以採收70天。這樣可以讓植株長大，
   從第5年開始不只春天，秋天也可採收。到了
   冬天，可用割除的草和一些米糠或菜籽粕來補
   充養分。

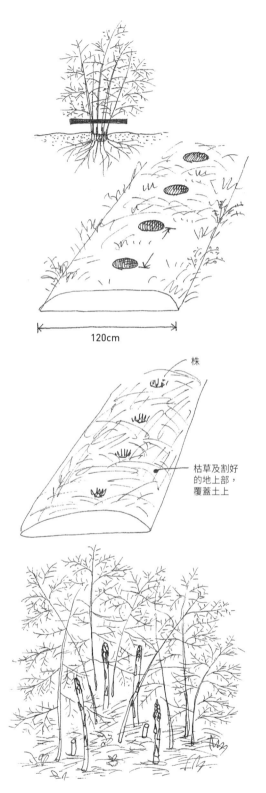

120cm

株

枯草及割好
的地上部，
覆蓋土上

■ **採收和保存**

· 蘆筍採收2～3天就必須吃完。

· 想要保存的話，保存的適當溫度是0～
  5℃，因此放置在冰箱是比較好的，此時放
  入袋子內直立放置可以保持新鮮度。

· 蘆筍的美味可以說就是它的鮮度，因此儘量
  當天吃完。

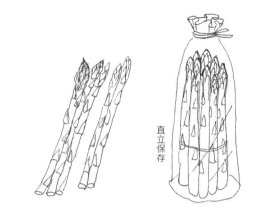

直立保存

■ **採種**

· 蘆筍是雌雄異株，有雌株和雄株。

· 乍看下不容易區分，雄株的勢力比較強、也
  比較早發芽，採收量也較多。雌株比較粗大
  柔軟。

· 雌株不久會結5～6mm的圓形小果實，成
  熟後成為紅色。

· 摘下來壓碎後，裡面有5～6粒黑色種子。
  比蔥的種子大，較容易收集。

· 放在盆子或盤子裡吹去雜質和灰塵。在天氣
  好的日子，1～2天充分乾燥後保存。

· 據說種子可以保持3～5年。可在第7年採
  種，翌年下種育苗；舊的植株經過10年採
  收量要減少時，新的植株就可以開始採收。

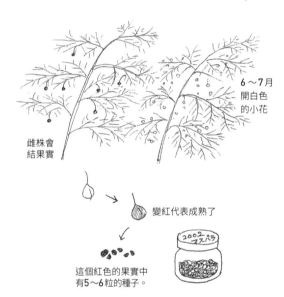

6～7月
開白色
的小花

雌株會
結果實

變紅代表成熟了

這個紅色的果實中
有5～6粒的種子。

有關種子可能的保存期限 ✿

　　確實可以發芽的最古老種子，是460年前的蓮花種子。蓮花種子的外皮很堅
固，因此是特別的情況；一般種子能保存的時間是1年頂多是5～6年。依作物
的不同，其保存期限也不同，所提到之保存期限的數字，是常溫充分乾燥且保存
狀態良好之情況下的數字。若用冰箱來保存的話多少可以延長一些，依某些書本
的描述，以家庭用的冰箱保存20年是沒有問題的，但發芽率確實會下滑。有關
最近種子銀行的冷凍保存的方法，種子雖然發芽了但其生命力開始被質疑。儘量
持續栽種而且是用自然農的方法，採種最健康的種子吧。

其他

芝麻
（胡麻科）

原產地埃及等熱帶地區，日本是飛鳥時代傳入。

種子

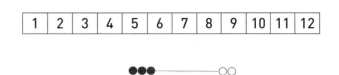

| 1 | 2 | 3 | 4 | 5 | 6 | 7 | 8 | 9 | 10 | 11 | 12 |

●●● ───────────○○

品種 胡麻是食用其種子，依其種子的顏色分白色的稱為白芝麻、黃褐色的稱為金芝麻、黑的稱為黑芝麻。各自依其生長期間的差異，有早生、中生、晚生。黑芝麻是晚生種比較多，白芝麻、金芝麻是早生種比較多。又芝麻含油量多，黑芝麻大粒、產量高但含油量少，白芝麻小粒，產量低但含油量多。

性質 芝麻是以埃及地區為原產地的作物，喜好高溫。要在十分暖和的5月到6月下種即可。耐乾旱不喜歡潮濕，選擇日照良好、排水良好的地方比較適合。因為也可以移植，所以也有在苗床育苗然後移植的方法。

■下種

· 下種要在氣溫充分升高後的5月中旬到6月上旬，各地選擇適當的時期下種。

· 菜畦寬度120cm播2條，條間距採50cm，菜畦的寬度比120cm窄的話，只播1條。

· 用鋤頭割除約鋤頭寬度成下種條狀，刮掉土壤表面，整地、輕輕壓平。

· 覆蓋用的土壤，可沿着2條下種條狀的中間有長草的底下(如右圖)之土壤，用鋤頭前端斜斜插入15cm挖出來的土去覆蓋。

· 種子稀薄的播就好，不要播得太密。覆蓋用的土壤是前面所述的方法所取得的土壤，覆蓋5mm的厚度。

· 用鋤頭的背面壓一壓土壤，最後用從周邊割下來的葉子較細的草覆蓋，以防止土壤乾燥。

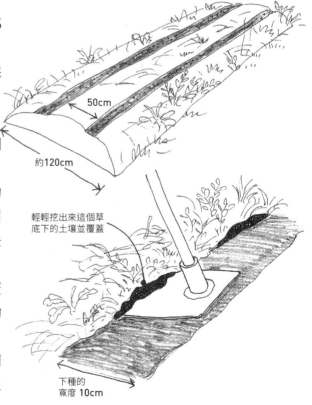

50cm

約120cm

輕輕挖出來這個草底下的土壤並覆蓋

下種的寬度 10cm

■發芽和疏苗

· 下種後約5～6天就發芽了。雙子葉開始要
  打開時，在幼苗擁擠的地方，以不鬆動到土
  壤的情況下，用指尖輕輕加以疏苗或用剪刀
  剪去。

· 植株的高度4～5cm左右。本葉長出來，和
  鄰接的幼苗保持葉片不要碰觸到的間隔，加
  以疏苗。

· 隨時疏苗，植株的高度達20cm左右時，植
  株的間隔距離維持在20～30cm左右。

· 此時草的生長勢力高漲，要隨時割草。割草
  時，可先割除一邊的草鋪在地面覆蓋，隔
  一段時間後再割除另一邊。一次全部割除的
  話，小動物無處可棲息會來為害芝麻。

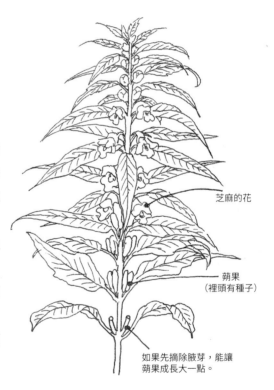

芝麻的花

蒴果
（裡頭有種子）

如果先摘除腋芽，能讓
蒴果成長大一點。

■生長

· 芝麻會隨着氣溫的上升而持續生長，葉片着
  生的基部一長出腋芽就將之摘除的話，成為
  中芯的莖幹會開花、結果，就可以採收大粒
  的芝麻。

· 依序由底下往上開好像鳳仙花一般的粉紅色
  花。

· 開花後每一處各有結3個蒴果，花是向下而
  蒴果是向上。

· 其中擠滿芝麻的種子，為了日光能充分照到
  植株，要留意和草之間的關係。

◆不與草和昆蟲為敵

假使要持續的來談「本來」的話題，生命世界的整體，本來是怎麼樣呢？思考這一話題時，若能清楚認知問題的根本，我想自然會明白其中道理。在生命的世界裡，本來就沒有益蟲、害蟲的分別，也沒有草、雜草的區別，它們本來就都是一個個各別的生命。這個世界是由何等豐富的生命編織而成啊，其生命的編織樣式是絕妙的，所有的生命都有存在的必要。

舉少數一些例子來說，人們大多認為蜻蜓是益蟲，而成為其食料的多數小蟲是所謂的害蟲。然而，若沒有這些害蟲，蜻蜓也無法生存。又如浮塵子這種很恐怖的水稻害蟲，其實本來是比較喜歡水稻周邊的夏季的草。這是川口由一先生講的，是他經過仔細觀察自然界而得到的事實。

在自然界裡，必要的、多數的生命互相共存，在其中保持絕妙的平衡，一方面也維持共生得關係。問題是，在水田除了水稻以外沒有其他的草，在旱田也是除了目標作物以外沒有其他草，再加上農藥的使用，因此而引起昆蟲、小動物數量之間的平衡的大崩解。

當我們越是深入瞭解自然界，就越能理解到它是絕妙且完整的世界。人不必做任何動作，自然就會生成為最佳的環境。因此，在實踐自然農的田園裡，棲息其中的小動物數量突然異常增加而影響到周邊田園的事情，是不會發生的。在一定的面積裡，其中會存在或棲息的生物數量，必然是早就定好了。

假如從現在開始實施自然農，發生了任何問題，我們應該去觀察那些問題為何會發生，再給予協助或對應的方法。舉例來講，若補充肥料的量過多而成為營養過剩的話，只有蚜蟲等喜好營養過剩的昆蟲會異常增加。又如，在某一時間把雜草全面而徹底割除後，昆蟲要吃的食物＝草消失了，也侵犯了它們的棲息地方，被環境所逼的昆蟲就會去侵犯田間作物。道理就是這樣。

仔細去觀察自然界，在那裡究竟發生了什麼事？為何生命本來的姿態會脫離了正軌呢？深入思考就能毫無困難的看清楚問題，進而培養自己在面對田間的問題時決定「要出手協助」或「先看著不用急著出手」的判斷能力。

◆不用肥料農藥

希望大家能夠有正確的認識。自然界是不多也不少的存在着，沒有必要從別處帶某些物資進來，也沒有必要帶出去。維繫我們生命的食物，以及能夠療癒疾病的草藥，這些必要的東西都在這個地球上存在着，且一直都是互相充分利用、互相平衡的，這就是自然界。

先前也曾提到過這一話題：在自然界裡，有被利用的必要而存在的生命，在互相共存、互相循環當中，保持非常絕妙的平衡而共生。在一定範圍裡面，生存的生命的數目必然是

一定的。

　　譬如說，一個由四人組成的家庭，在共同的環境裡生活，其所需要的面積可以自然而然做出最適當的決定。擁有大約水田1分地、旱田1分地的話，就可以生產足夠的作物供應食用，但若一併考慮納入果樹和其他作物，以及包含我們自己在內的生活環境的話，有3～4分地是比較理想的。若有那樣寬裕的面積，就可以規劃簡單樸素的住宅和農業作業上所需要的農舍。換句話說，在那裡生存的所有生命，只要得以持續循環就不會發生任何問題，而可以永續生活下去。我們的排泄物和廚餘，也歸還到環境裡去循環。這可以說是基本的道理。

　　在那裡生存的我們，把排泄物和廚餘歸還到環境裡。微生物和草吃那些而長大，其結果，那地方就變得豐富起來。不割除草、不噴灑農藥，在土壤中重疊的生命都會再進入循環之中，因此我們其他什麼都不必做，環境就變得很豐富了。

　　但是，自然農各自對應的狀況並非總是如此完備。這大多是因為土地是被限定在一定範圍之內的緣故，或如排泄物若用沖水馬桶就無法再進入循環之中。試想，當稻米和其他作物都已100%自給自足，若能將穀殼、米糠和油粕及其他調製後殘留的部分也歸還給田地去循環的話，那會是最理想的；但在現實上，幾乎是不可能的狀況比較多，人們多半在收穫作物後，就把不用的部分移出田地了。

　　因此，我們也需依照田間的狀況去對應。例如，該土地是否貧瘠？在那裡栽培的作物對地力的需求非常大或者不大？這些都有關連。但只要你時時記得，要以「循環」為基本原則來掌握所有的狀況，便能巧妙的去對應。

　　具體來說：

- 使作物完成其一生，使其在該處循環：

　　收穫過後的茄子、黃秋葵等，不要立刻拔除。要採種，讓作物的一生在該處完成；採收後，將植株弄倒使之在原地循環。

- 補充養份時，在土壤之上直接撒佈堆疊上去：

　　廚餘歸還給田地時，不要加以掩埋或堆肥化，就原原本本的撒佈在菜畦上面即可。但這個菜畦必須是沒有作物呈現休耕狀態的。若只有蔬菜碎片時，可以放置在距離大型作物的根基部稍遠一點點的地方。

　　要充分顧慮到田地大小和廚餘的量之間的關係，不要過量招致問題。

◆連作障礙的思考

　　連作障礙，是指同一種類作物、在同一場所翌年持續栽種所引發的問題。譬如說，茄科或豆科作物持續在同一場所栽種的話，因為作物需要較多某種特定的養分，或因為地力問題，在第二年容易長得不好或得病──這是在慣行農業或有機農業可能發生的現象。

若實踐自然農，因為目標作物和各種草生長在一起，上述這種連作障礙便極少發生。

實際上，在福岡的自然農學習農場裡，在同一場所持續種植蠶豆數年，至今卻完全沒有引發任何問題。這是因為，一種作物若是在連一株雜草都沒有的地方營生的話，它無法完成其一生，加上收穫一結束作物就被處理掉、或被翻耕埋入地底深處；相較之下，自然農的作物是和各種草一起營生，完成其一生後就在該處形成「遺骸之層」，於腳下的生命舞台持續循環──兩者的結果是極為不同的。

當我們進一步，從生命的世界深度觀察這件事情時，也會看到另一個道理──那就是一種作物無法在同一場所永久持續營生。

在我的田裡，棚架田的土堤上曾經有數株芋頭強勢擴張。當時我認為，若把芋頭挖掘起來土堤就會崩壞，所以就置之不理，到了第四、五年時，芋頭已生長成非常大的植株；大概過了第八年，當我注意到時，芋頭已消失了。宿根草的草花，也多半是經過數年之後會忽然枯死，應該也是同樣的道理。

我們來到這裡的那一年，住家旁的小溪對面，春天三月時淡紫色的花像地毯一樣無比美麗，去看後發現是馬蹄花的群落。翌年，我們充滿期待遠眺欣賞，發現雖然同樣開了許多花，但開花的地點竟然很微妙的移動了。

回想到那件事情我才注意到，在生命的世界裡，時常都在變化。即使每年在同樣的水田種植水稻，在那裡生長的雜草種類，其姿態也不一樣。

因此，在面對「栽培」這種人工的行為和環境時，我們不能不多加思索。在一條菜畦持續固定種植特定的一種作物，從生命的世界來看是不自然的；而自然界也一定會展現自己的生命力。有時栽種的人並未清楚意識到這個道理，但不知不覺的，人們就是不想在收穫了青花菜之後再繼續一成不變種下青花菜的幼苗──或許，這就是生命自然而然所做的選擇。

輪作的方法，也許是從連作障礙而得到的智慧，也可以說是依據生命世界的道理而得到的智慧吧。

◆田園是自然的畫布

在有限的田園栽種作物，如何去計畫與安排真是一大樂趣！去年種過茄子之後，今年要種什麼…將那時的日照、田地各處排水狀況、各種作物性質等等一併考慮進去，用我們現在擁有的智慧，細心加以策劃，有時也要喚醒呈現休眠狀態的智慧，將整個田園當作自然的畫布一樣，一面思考如何漂亮描繪，一面決定栽種的作物…這需要綜合的能力，實在是值得去投入的工作。

——有關活著這件事——

文／川口由一

基本上，被生下來的生命，就是被允許存活下來的。生命即是殺與被殺的關係，吃與被吃的關係。我們不吃其他生命的話，也沒辦法存活下來。我們是透過吃了魚、米或者豬和雞的生命，以及各種草、果樹果實的生命而存活下來的。因此，生命就是生命，沒有被允許的或不被允許的。只要能好好的活出自己的生命就很好。

這個宇宙、自然界、生命界是一個生命體，形成一體的經營。各別的、各部分的生命，同時也依循我的生命而生，是原原本本的共存共榮；在原原本本相互依存、互相殺戮的關係之中，也有我的生命。殺死而食用其他的生命，本來是沒有問題的。我們彼此讓彼此存活，也會將彼此殺死——在如此的關係中，有我的生命、二十八星瓢蟲的生命、山豬的生命、各種草的生命；這是原原本本就不斷調合的，生命的世界。

譬如說，灌水進入田裡時，原先在那裡生活的螞蟻、螻蛄、蚯蚓被淹死了；不過與此同時，水中的生命如龍蝨、水薑、田鱉等許多小動物，則取而代之誕生了，並且展開旺盛的活動。這不是一方光明、另一方就黑暗的事，也不是殘酷的事。會將此現象看成是殘酷的，那是因為從「相對界」來看的結果，強調由我自己形成的一個生命體；但若是從「絕對界」來看的話，讓自己的生命能夠得到生存，是基本的求生理念。並不會產生矛盾。

把我栽培的可愛馬鈴薯、瓢蟲，和我的生命一起放在「絕對界」來看的話，彼此並沒有什麼區別，同時每個生命也都是成立的；我在此儘可能的讓自己的生命活下去就是了。把瓢蟲殺死，然後把栽培的馬鈴薯的生命也殺死吃掉，不久我死了，也會被其他的生命吃掉，再循環進入到其他的生命中——也就是說，在整體生命的經營當中，一部分的生命會循環進入到另一部分的生命。或許也可以說，我們吃下生命的一部分時會侵犯其他的生命，換言之，也就等於是侵犯我們自己的生命一樣。我們損害了空氣、損害了河川的水、損害了山林，也就等於損害了我們自己的生命。

在自然界裡，除了人類以外的生命，幾乎都是不貪婪而且知足的。只有我們人類這種生物具有貪婪的性格。若是貪圖必要以外的東西，會損害我們的生命，也會損害眾多其他的生命。因為這種貪婪習性之故，而不斷殺死二十八星瓢蟲、殺死馬鈴薯的生命吃掉它，這種事必須去避免；然而，若僅僅是為了維持我的生命存活，則可以殺了它。可以沒有任何迷惑、嘆息，毫不猶豫的將之碾碎，殺死，吃掉。這種生命的基本經營，是嚴肅而有尊嚴的事，是生命自然而然的事。

所有的生命都是在這樣的生存當中，我們在有生之年，可以一心一意的生活下去。不要陷入個別的情況，而要學會站在整體的立場，就能瞭解到：個別生命的生存，都是必要的存活，我們知足的心或感謝的情緒便會自然而然的湧現出來。如何精采的生存、如何乾

脆而絕妙的殺掉其他的生命，然後再讓漂亮的、豐富的生命返回我的生命中，這才是重要的。

在某一時期發生的問題，原本是不固定的，是年年發生變化的。現在認為良好的事，也許將來會成為困難的問題，即使認為困難的問題，把它想作不會一直持續下去即可。在生存的期限內，問題會持續發生與變化。

要有「生存到最後」的覺悟。把發生的事當作是問題來處理，不論發生什麼問題，都要有正面對應的心理準備。在生命界、自然界發生的事情，就把它當作理所當然而動腦筋去處理。從覺悟而得到的智慧，是非常深遠而清淨的，是無盡的寶藏。自然而然，必定會有好的對應方法，於是那個問題就不知不覺被解決掉了。在這個嚴苛的大自然裡，要相信無論發生什麼事情都能夠迎刃而解，持續生存下來。

——關於食害——

花了許多工夫栽培作物種出來的收穫物被小鳥或其他動物奪取的事情，近年來，在各地增加了許多。尤其是在山區，對開始從事自然農的人來說，是很重要的問題。

隨着人的環境破壞逐漸擴大，失去棲息處的動物，牠們一定也想存活下來。

在「不耕耘、不與草和昆蟲為敵…」的自然農，對於這種食害問題如何去抵抗，自己如何去解決，這個問題是和「生存是什麼」有深切關連的大課題。

上一頁的川口先生的文章，「有關活着這件事」是2000年在「生命的講座」學習會中，以這個主題深入淺出的談話的摘要，經過川口先生的潤飾、整理出來的文章。不要忽視在生命的世界本來應該發生的事情，並加以對應即可。

不輸給雜草好不容易長大的馬鈴薯，快被二十八星瓢蟲吃光葉子時，芋頭被山豬挖掘出來而吃掉時，穴熊想吃蚯蚓而把菜畦弄得亂七八糟時，「不與雜草和昆蟲為敵…」之事，和有關我們糧食的確保的問題之間的關係，明確思考一下自然農的原則，不必苦思，希望得到良好答案。

各別的田園的狀況，其周邊的環境的狀況有各式各樣，具體上最後要依各別的情況而定，我們的對應方法介紹整理如下，請參考。

昆蟲

在自然農沒有害蟲、益蟲的區別。作物受到昆蟲為害時，首先要查看田園的狀態。
・是否補充過多肥分？　　　・是否通風不良？
・是否過度割除雜草？　　　・是否廚餘的回歸土壤的方法有錯？等等。

也就是說，這是作物自身對自己的檢視。那也是當年的天候、因果關係不明且在無意間發生的事，如川口先生所說只有動動腦筋去對應。

要得到好的智慧，也須要仔細的觀察自然界、熟知自然界。自然的事情，不拘泥自己的偏見，更進一步的去瞭解，從確實的境地得到答案即可。

鳥

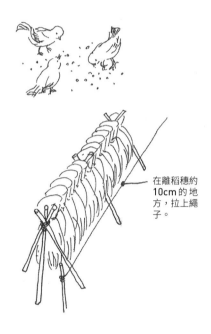

在離稻穗約**10cm**的地方，拉上繩子。

❶播種的種子被吃掉時

· 以水稻秧苗的對應方法為基本，播種後必須用稻草覆蓋，上面再放置竹子，拉上繩子。更嚴重時要張掛網子防小鳥。

· 小麥的話，因為幼芽長到3cm為止也會被小鳥吃掉。所以在水稻尚未收割之前撒播是一種好方法。否則的話可以割草覆蓋。

· 玉米和豆子很容易被吃時，應該播種深一些，以及不要割草，在草中點播。

❷收穫期果實被吃時

· 水稻、玉米等要拉上繩子。繩子不要貼在稻穗上，離開約10cm的地方繩子拉緊繃。甘藍、花椰菜的果實上方。用牢固的繩子的話反而會讓小鳥停在上面大吃特吃。所以要用不顯眼的細繩。

· 果樹（櫻桃、藍莓）等也許需要張掛細網子。

穴熊

有穴熊存在的地方是很稀罕的事。穴熊很像狐狸，毛很多看起來像縫製的那樣，尾巴很長很可愛。來田園是為了吃老鼠而來的。因此在現行的化學農業的作法的地方已經看不見了，牠們都集中在自然農的田園。從春天到秋天間出沒，在菜畦之間的通道的兩側挖掘。有時候也會在菜畦上出現。

按照到目前為止的經驗，其對策是菜畦的上面或下面的土壤不要裸露出來，這在在自然農的田園必然是如此的。即使有一點土壤（或者是蚯蚓）的活生生的氣味，穴熊就會嗅出來，有動到土壤的地方就會被為害，所以蓋雜草以欺騙穴熊，總之要鬥智。

把播種下去剛發芽的苗床圍起來，有時候也許是必要的。如上面的圖那樣用白鐵板圍起來，對攀登高手而且也是挖掘天才來講，一點效果都沒有。

我的丈夫曾經說要陷阱捕捉穴熊並儆戒其他穴熊們，但看來太迷上尋找陷阱裡面放的蚯蚓，反而他像個穴熊了。不過聽說，穴熊的肉出乎意料的好吃。

山豬、野兔、狐狸

山豬的為害在各地都很嚴重。主要以水稻、薯類為主，在田裡遊戲、鬧事，或將之當成臥床，把土壤挖出來、躺臥，把作物弄倒等等，在此舉出一些對策。

❶用白鐵板圈圍起來是有效的。偶爾會在附近作成土堆
以此為跳板侵入的情況也有。在這種情況下在侵入口
的地方作成兩重。又白鐵板用中古貨即可，木樁可以
取自間伐的木材。

❷**張掛魚網**

・限於在魚場附近的地方可以用這個方法，養殖用的箱
狀網非常大而且牢固，可用中古的。

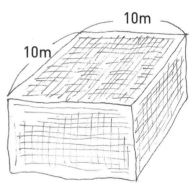

・松尾農園去年山豬的為害很嚴重。7分地的田園用這
種魚網圍起來，在必要的地方剪裁，比白鐵板圈圍還
便宜。

❸**電線圈圍**

・對小孩、老人有危險性，管理上要注意。

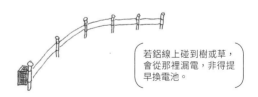

若鋁線上碰到樹或草，
會從那裡漏電，非得提
早換電池。

❹**其他方法**

・地區幾個人聯合起來，定期的施放聲音大的煙火彈。

・在山豬出入口附近，放置人的毛髮或油炸過後的廢油。

其他的動物（猴子、鹿）

四國的是枝先生的地方用很高的金屬網，費用很貴且浪費能源。對猴子只有投降，每年同樣受害的情形並不多。

——有關溫室和溫床——

　　九州、四國及本州的臨太平洋這邊(關東以南)，甘薯的苗圃，夏天蔬果類的播種在露天是十分可行的，但稍微接近山區、中部北陸地區、東北地區就有些困難或不可能了。但是也不想用塑膠溫室耗費許多電力來栽培。稍微動一下腦筋，借用古老的智慧來栽培目的作物。在此介紹在東北地區實施自然農的農友之方法。

山脈農場・佐藤幸子女士

　　在福島川 町務農的佐藤女士，栽培自然農的米與蔬菜而販賣，也與她先生一起主持自然農與自給生活的學習農場。

　　佐藤女士的地方，夏天的果菜類(茄子、番茄、甜椒)和甘薯的苗圃，是利用古時候的「踏入式溫床」來栽培。同樣的溫床川口先生以前也做過，現在以兩人的智慧合併在此介紹。

[溫床]

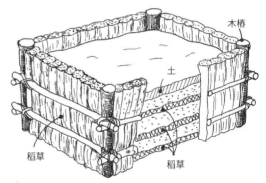

· 進入3月後如右圖那樣打入木樁，用稻草結實的圍起來，在高度80～90cm的框框裡首先放入稻草鋪一層，其上面不規則的放入落葉、枯草、青草、米糠、雞糞(佐藤家裡有飼養雞隻)灑水或灑上人糞尿。

· 再次放入稻草鋪一層，如先前一樣其上面不規則的放入落葉、枯草、青草、米糠、雞糞，如先前一樣灑水或灑上人糞尿。如此反覆數次以後再放入厚度10cm左右的土壤，整體的高度約為框框高度的80%左右。

· 2～3天就開始發酵，裡面排滿放置播種的木箱。

· 種甘薯的場合，最後放入的土壤厚度是30cm左右，直接把甘薯種在裡面。

· 疏苗直到幼苗長到一定的大小時移植到花盆。假使溫床的溫度開始降下來時，就再作一個溫床，培育到能露天栽培的時期。

從上面蓋布巾(佐藤女士)
(以前用油紙或草蓆)

· 其中一邊弄高一點，向南將拉門門板靠在一邊。(川口先生)

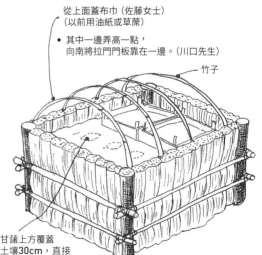

甘藷上方覆蓋土壤30cm，直接種在裡面。

212

· 佐藤女士的農場，不只是自給自足也有出貨銷售，也要有幼苗出貨，需要許多溫床，現在不使用塑膠而建玻璃溫室，在裡面製作「踏入式溫床」。

· 在九州不必如此勞累，自己覺得很幸運。

山形縣·阪本美苗女士

阪本女士在山形縣川西町主持將自然農設定為生活中心的學習農場。希望能將飲食、農業，及生活智慧傳達給更多人，努力準備中。

　　就這件事情打電話時，川西町的阪本女士的地方正在下雪。這些積雪到了12月下旬就成為不融化的雪，春天雪的融化今年是在4月26日。就溫床的事情詢問的時候，阪本女士說「該地區自古以來的食物是好的食物，所以沒有作溫床」。因為原先是在東京附近的神奈川縣生活的人還在學習東北的生活方式。在川西町地區，到了秋天就要製作冬天要吃的保存食品，雪融化後，則採摘秋天播種的「莖立菜」食用其花莖的蔬菜，此外就是如山一樣多的山菜就已足夠。

　　又關於野草也是在學習當中，把野草也端上餐桌則更為豐盛。

　　我請問她，在東北古時候是不是沒有吃番茄和茄子？她回答說，這樣也不錯的。

　　這就是生活方式吧，不管發生什麼事都不受動搖的粗獷生活方式，想必她已得到安心的境界。

　　北方兩個人的智慧和實施如何呢，各自都值得參考。

簡易溫室

如果不做溫床，這些設備也會有相當的幫助。

①小型付帶有蓋子的玻璃溫床。
（面向南方）

②移動式的玻璃溫室。
（蓋在苗床上）

③用透明的塑膠布像隧道的形狀。

——各式各樣的農具——

①平鋤：在作田埂（畦）的時候或在塗田埂
  （畦）面的時候使用，比較容易裝載土壤。

②萬能鋤：有這支鋤頭，一般的工作都可以
  完成，容易使用。

③三叉鋤：在挖取山芋的時候使用，不會傷
  及山芋。

④種植繩索：拉一條繩索，在作田埂（畦）
  或播種時作為準繩。

⑤鐮刀：自古就有的鐮刀，每次使用時磨一
  磨可以使用很久，用來割草、割稻。

⑥鋸齒鐮刀：具有像鋸齒一樣的鐮刀，容易
  使用，但鋸齒磨平就不銳利了，需要拿去
  銼刀。

⑦切刀：刀刃的一頭固定，要細切稻草或要
  切南瓜等硬的東西很方便。

⑧鉈：用於割下樹枝或竹子的枝條。

⑨長柄鐮刀：割土堤的雜草很方便。

⑩畚箕：在搬運各種東西以及收穫的穀類、
  豆類要將灰塵或外殼分開時使用。

⑪木槌：要打樁或支柱時使用。

⑫篩：依篩目的大小有各式各樣的用途。用
  於覆土及種子的篩選。

⑬彎鐮刀：播種時要削去表土或整理表土，
  即使沒有這種彎彎的鐮刀，蹲下來也可以
  進行。

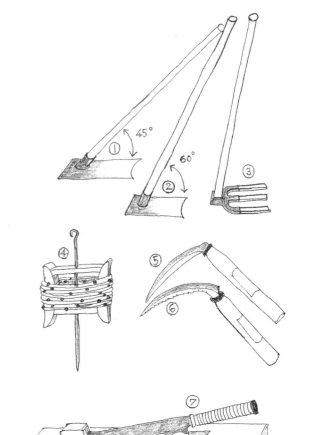

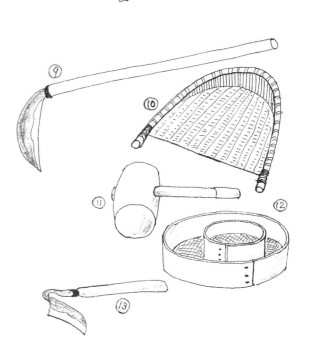

⑭鼓風機：要把稻穀和穀
　殼、灰塵分離時，扇風把
　輕的雜質吹掉的器具。

⑮挖山芋器：局部
　地點要挖深的時
　候很方便。

⑯耙子：要收集割
　下的草的時候使
　用。

⑰圓鍬：在作田埂
　（畦）的時候，
　在挖田埂（畦）
　與田埂（畦）之
　間的溝以及各種
　場合都很管用的
　器具。

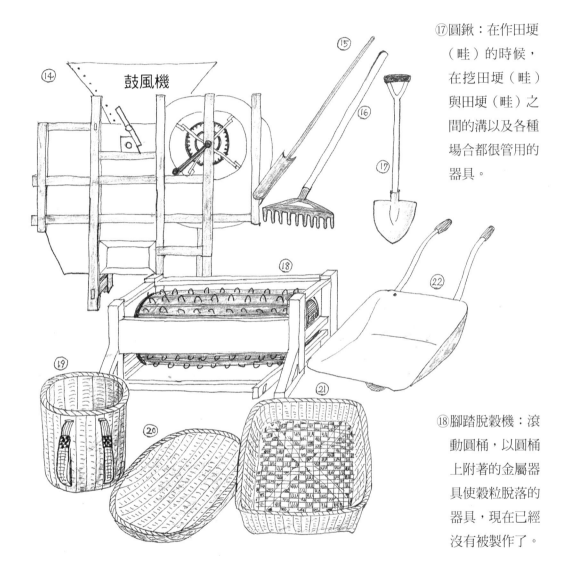

鼓風機

⑱腳踏脫穀機：滾
　動圓桶，以圓桶
　上附著的金屬器
　具使穀粒脫落的
　器具，現在已經
　沒有被製作了。

⑲背負籃：在從事
　山上的工作或旱
　田採收時放入收
　穫物，兩手騰空
　出來，一邊搬運
　一邊行動自如。

⑳平籃：各式各樣
　的容器，有各式
　各樣的形狀。竹
　編的自古就有，
　也有白鐵製的，
　總之很方便。

㉑去稻穀殼的籃
　子：稻子被脫穀
　後要把穀殼、灰
　塵分離時使用，
　以便把大的東西
　篩選出來。

㉒一輪車：搬運器
　具及收穫物，水
　田的田埂修復時
　搬運土壤，用途
　很廣泛。

自然農
迷你字典

田埂

在水田與水田之間的土壤堆高起來作為
界線稱為畦（田埂），為了把水引入田
裡成為水深的地方，可以在這田埂上走
動來做工作。

塗田埂

為了不讓水從成為水田界線的田埂漏出
去，在田埂的側面用鋤頭塗上一定的厚
度且調成牆壁土的土壤，並加以固定。

畦

栽種旱田作物，為了排水良好，隔一定
的間隔把土壤堆高起來的地方。因為在
自然農不用耕耘，所以在最初作畦之後，
只需在崩壞的地方加以修補即可。自然
農在水田有時為了需要而挖溝，在溝與
溝之間的地方也稱為畝（畦）。

水口

為了引水進入水田，這個取水口的地方
稱為水口。有從河川直接引水的情形，
也有從用灌溉水道引水的情形。在這裡
調整水位，在下大雨的時候，把水口封
閉以免水的衝擊破壞田埂或土堤。

粳米

稻米分為糯米和粳米（蓬萊米）。粳米在
煮飯的時候沒有像糯米那樣有黏性，是
日常每天食用的米。糯米在成熟的時候
成為白色；粳米在未成熟的時候是白色，
但成熟的時候成為半透明。

陸稻

不在水田，而是在旱田也可以栽種的稻
米品種；或在山裡的棚架田（梯田）無
法蓄積水的地方栽種。

連作

在同一地方持續栽種同一種作物。連作
馬鈴薯、茄子、蕃茄等同樣是茄科作物
及同樣豆科作物或需要很多地力的同科
作物的話，一般來講會發生連作障礙。
因此種植茄科作物後通常要休息 2 ～ 5
年後才可再種植茄科作物。在自然農的
情況是，因為有各種草共生，所以連作
障礙不容易發生。

一代雜交種（F1）

通常稱為 F1。性質不同的 2 種作物使之交
配，具有耐病性、耐寒性、多收性等新的
性質的種子，現在種子店販售的幾乎都是
這種 F1 種子。

然而，這種性質只限於一代，從這種種
子採種的下一世代，很難呈現和親本相
同的性質，會分離產生具有各式各樣的
性質的後代。其後代並非全都是比親本
惡劣的，所以經過多年持續的採種也可
以使種子的性質固定下來。

固定種

有極高的機率幾乎安定的具有與親本相
同的性質的作物的種。在來種可以說是
固定種。

在來種

在某地長年持續栽種的品種。
已適應當地的氣候和風土，最適合該地
域的品種。現在在來種正逐漸減少。

自然交配

不是以人為的方式使之交配，在自然的
狀態下交配，產生前所未有的性質的品
種。十字花科同類之間易於交配，又稻
米偶爾也會有新的品種。

移植

把作物從苗床或種植作物的地方換到另一個地方種植。盡量不要傷害到根部。直根性的作物不容易移植。有很多作物都是在幼小時期肩並肩的種在苗床等的地方會比較好，然後移植到固定的位置稱之為定植。

分株

像韭菜那樣把根株解開分成幾株小株，然後再定植。

徒長

蔬菜等等作物因為沒有充分的疏拔苗，作物的間隔太小、或是被雜草遮蓋日照不足，只有向上伸長得又細又高。

覆土

播種下去的種子上覆蓋土壤，覆蓋土壤的量依照種子的性質和大小而異，一般的標準是覆蓋種子一倍量的土壤。

又覆蓋的土壤要使用從未摻雜到雜草種子的地方取得的土壤。

趨光性

種子發芽時喜好光線的性質。具有這種性質之作物的種子不要覆蓋太厚的土壤（如小麥、萵苣、紅蘿蔔等）。相反的是趨暗性（蘿蔔、牛蒡等）。

分蘗

稻、麥等等作物從接近根的地方分出許多莖伸長出來。

遺骸之層

在自然農因為沒有耕耘，地面上年年腐朽的作物、草、小動物的殘骸形成一層逐漸增厚的部分。

出穗

水稻的稻穗伸長出來。由於早生種、中生種、晚生種的不同，稻穗伸長出來的時期也不一樣。

早生

生長期間短的品種。比早生種生長期間長的稱為晚生，介於其間的稱為中生。

登熟（黃熟期）

水稻的稻穗完全成熟。氣溫低、氮肥多施的情況下會延遲成熟。

1反

在採用公尺法以前的日本自古以來的面積計算單位。

1町＝10000平方公尺

1反＝1000平方公尺

1畝＝100平方公尺

1反＝10畝

1町＝10反

1坪＝3.3平方公尺

1反＝300坪

条間（行距）

作物兩列以上條播時列與列之間的間隔稱為行距。

作物在生長的時候，先設想其形態和大小決定其株距使相鄰兩株之間不要太密接。

排在一列當中，作物與作物之間的間隔稱為株距。

疏苗

種子發芽後在過密的地方把幼苗拔除以

調整適當的間隔。不要一次到位，要分為好幾次疏苗。

稻架

為了使收割後的水稻自然乾燥，用木材和竹子作成的設備。有些地區利用天然的木材，並特別為了這個目的而種植。

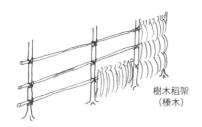

樹木稻架
（榛木）

順便一提，在秋田有將稻束掛在一根木椿上面的方法。

稻種

作為種子用的稻穀，水稻是以稻穀的狀態、小麥是以糙米（麥）的狀態、花生是以剝殼後的狀態保存。依種子的不同其處理方法也不一樣。

礱穀

稻穀除去穀殼成為糙米。古時候利用臼或水車。

碾米

把糙米進一步的削去米糠的部分使接近於白米。古時候用臼磨來搗，所以稱為碾米。可以碾成 3 分、5 分、7 分。

畚箕篩選

用鼓風機，以前是用畚箕把豆類和穀類從穀殼和灰塵中篩選出來。畚箕的技巧意外的很困難，有必要加以練習。

芒

稻和麥，具有稱之為「芒」的針狀突起物，現在的水稻品種因為改良幾乎都已經消失了，古代的稻米還殘留着。

1 俵

約 60 公斤
古時候以稻穀的狀態用俵保存。為稻穀的單位。1 俵和 1 個人 1 年食用的米的量一致，所以 4 個人的家庭需要 4 俵（240Kg）

蓆

用稻草編織的東西。曾經各個農家都會用編織機自己編織，不過現在已經不復再見了。幾乎都是中國製的。將農作物攤開放在上面。在地面曬乾、或圈圍作物以防寒的時候被拿來使用。

草蓆

是用榻榻米表面的藺草所編織的，曾經常見農業作業時將舊榻榻米的草蓆拿來重覆利用。

腳踏脫穀機

不使用動力、類似於腳踏縫紉機的構造。可惜的是現在已經沒有人在製作了。只能夠從閒置在農家的倉庫中去尋找。在這階段之前是使用千齒器，然而和千齒器比較起來，腳踏脫穀機的效率一下子提升了許多。

梯田

在山的斜坡零碎的開拓出來的階段式的農田。用石垣構築、暗渠設置於底下，梯田是先人文化的遺產。

草鞋肥

這是友人教我的話，並不是指在田裡撒佈肥料，而是無論耕作者如何往來於田裡，稻米產量的多寡已經定了的意思。

一起親近自然農

整理／岩切澪

■日本自然農參觀會

作者在日本福岡市主持「福岡自然農塾」，多年來持續主辦兩個月一次的參觀會。讀者若有興趣參訪，可與作者聯絡（但須以日文聯繫）。

作者與譯者也推薦了日本其他較適合接待國外參訪團體或個人的自然農塾或組織。請留意每個參觀會的規模及收容人數不同，每年可能有一些變化；請事先聯絡主持人確認細節。有關交通方式與住宿安排，可與對方商量，但基本上都需要自行預約，也須自行安排日文口譯，以便當天參觀流程順利進行。

- 赤目自然農塾
  三重県名張市・奈良県宇陀市
  http://www.umeda-soba.com/akame/
  聯絡人：柴田幸子　0595-37-0864　余語規子 0744-32-4707

- 福岡自然農塾
  包括松國、一貴山學習之場、加布里、花畑
  http://www.asahi-net.or.jp/~ir2e-kgmy/
  聯絡人：鏡山悦子　電話：092-325-0745

- 富山自然農を学ぶ会
  939-2433　富山市八尾町清水524
  聯絡人：石黒完二　電話：076-458-1035

- もみじの里自然農学びの場
  656-0006　兵庫県洲本市中川原町二ツ石95
  聯絡人：大植久美　電話：0799-28-0883

- 一陽自然農園
  771-1613　德島県阿波市市場町大俣字行峯207
  聯絡人：沖津一陽　電話：0883-36-4830

- 岡自然農の会
  410-0232　静岡県沼津市西浦河内601
  聯絡人：高橋浩昭　電話：055-942-3337
  436-0074　静岡県掛川市葛川630-7
  聯絡人：田中透　電話：0537-21-6122

最後，在此要向作者鏡山小姐表達謝意。她信任我，一起度過第一次與國外出版社合作的新奇經驗；也感謝川口老師很開心的鼓勵我們的出版計劃。也謝謝陳冠宇、以莉高露，與果力文化蔣慧仙小姐一直耐心等候我遲遲的監譯作業，很高興終於能完成這份工作。最後感謝我的母親與妹妹，每年一起下田，讓我體會到自然農的田園中才會有的豐饒生命世界，並更加確信如何能實現可持續的地球與人類未來。

下種曆

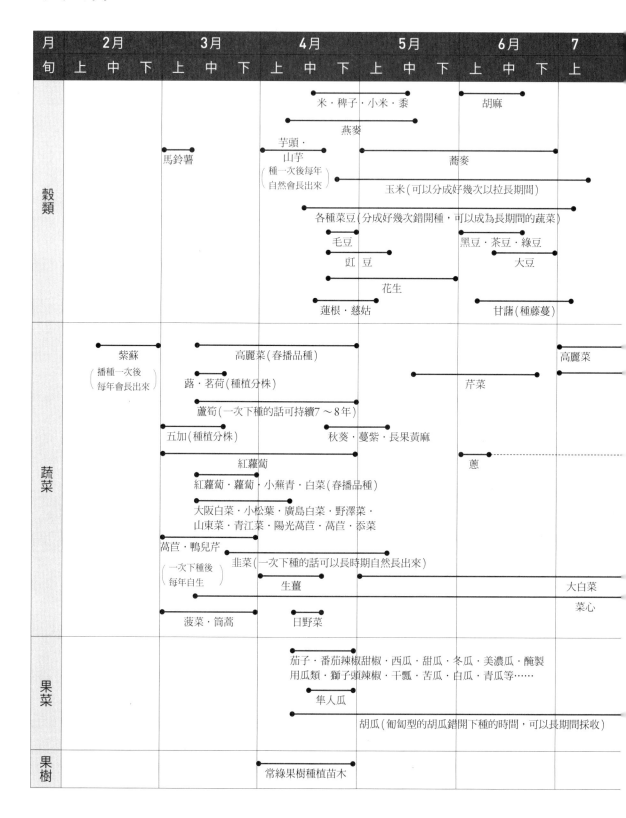

川口先生所住的奈良的農事曆，由赤目農塾生的成員、石田由紀子小姐整理。奈良是盆地，降霜是11月上旬到4月下旬，最高氣溫約35℃最低氣溫-4℃，櫻花4月8日前後開花，以此作為大致上的標準。請依照個別土地的氣候製作適合的農事曆。

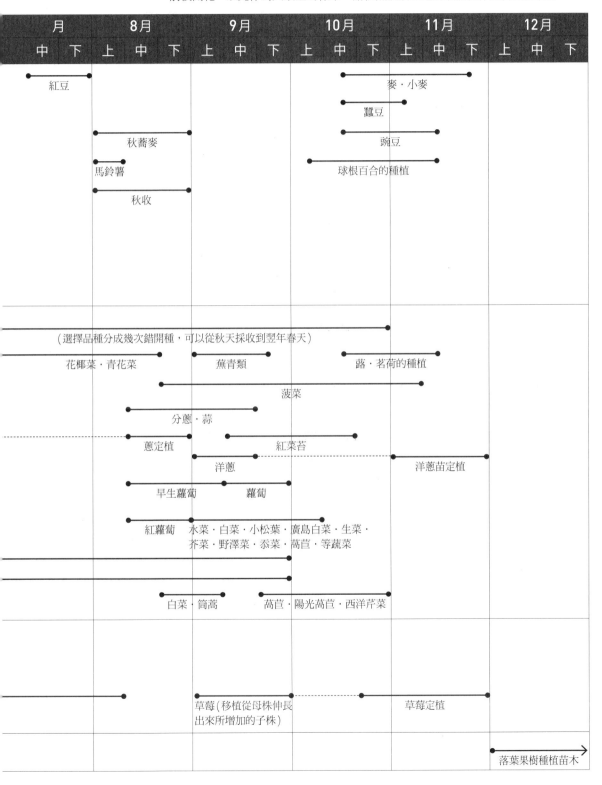

月		8月			9月			10月			11月			12月	
中	下	上	中	下	上	中	下	上	中	下	上	中	下	上	中	下

紅豆

麥・小麥

蠶豆

秋蕎麥

豌豆

馬鈴薯

球根百合的種植

秋收

(選擇品種分成幾次錯開種，可以從秋天採收到翌年春天)

花椰菜・青花菜　　蕪青類　　蕗・茗荷的種植

菠菜

分蔥・蒜

蔥定植　　　紅菜苔　　　　洋蔥苗定植

洋蔥

早生蘿蔔　　蘿蔔

紅蘿蔔　　水菜・白菜・小松菜・廣島白菜・生菜・
　　　　　芥菜・野澤菜・忝菜・萵苣・等蔬菜

白菜・筒蒿　　　萵苣・陽光萵苣・西洋芹菜

草莓(移植從母株伸長　　　草莓定植
出來所增加的子株)

落葉果樹種植苗木

221

初版後記

文／鏡山悅子

本書內容是從一九九八年開始，經六年期間刊登於「農業和生活和書的專欄‧Opīpīkamūku」小冊子（每年出刊三次）中，將自然農的栽培指南收錄改編而成。在將內容整理成冊的同時，我也把開墾新田地時遭遇到的事、雜糧和果樹的栽培等經驗，一併增補進來。

當時我只有一點點自然農的經驗，是以「假如有這樣的一本指南書的話」作為書寫的開端，每回每回，一邊承蒙川口老師的仔細指導，一邊有少許的進步。我先從自己有栽培經驗的蔬菜開始記錄，為了寫這本指南書，也挑戰了尚未栽培過的蔬菜。本書是為了那些想要追求自然農的世界、開始實施自然農但時日尚淺、或是對自然農全無經驗的諸多人士而寫，具有具體指導的功能；然而透過寫作本書，得到最多指導的其實是我自己。

川口老師在之前的六年期間，每期刊物都非常仔細的指導我，因為這次出版又再次審閱內容，在我尚未寫到之處，傳授給我更多自然農的理論，得到老師更多深入的指導。

本書的開頭，也承蒙恩師賜予良言，在此深表無上感謝。

在拜讀川口老師賜予的良言時，不由得深深受到這些金玉良言散發出來的美妙曲調所感動。自然農的世界，正是存在於這些美妙曲調之中。

這極其美妙的自然農世界，今後必然日益被追求，這本指南書若能稍微幫得上忙，我將倍感欣慰且深深慶幸。

匯整本書時，從手稿全部轉換成打字的作業期間約半年。緊密和我並肩完成工作的千惠子義姊，每天一面要忙碌照顧病中的母親，一面要努力工作，從義姊的姿態，我重新學習到很重要的事物。又，百忙中協助最後校正工作的石橋啟子小姐，與承攬本書印刷的Pen Fukuoka松澤修一先生多次不厭其煩到寒舍來討論。其次，以田地的工作為職業、長久累積經驗提供諸多建言的松尾靖子小姐。在此要對以上諸位一併表達衷心的感謝。

受到諸多人士協助，本書總算有個雛型，若想要傳達自然農之深奧的生命世界，自認仍然力有未逮之處，這是我今後要努力的課題。

最後，要對協助編輯工作的先生與女兒，與購買本書的諸多人士，表達衷心的感謝。

新版後記

本書於二○○六年十一月首度以獨立出版方式面世後，承蒙「共同通信社」岡義博先生、《朝日新聞》赤塚隆二先生撰文推薦之賜，我收到來自日本全國各地的詢問，許多讀者並因而購買閱讀本書。其發展出乎意料的熱烈，在此對兩位先生特申謝忱。

在回應這些詢問時，我再次實際體會到的是，遠遠超乎我的想像之外，有諸多人士追求自然農——從未接觸過土壤的人們，不久的將來想要投入；或者打算以農的生活來迎接退休、作為新的人生選擇；或者是專業有機農業者也很關注自然農的發展。即使具體的、現實的、更進一步的是潛在的地方也⋯

我非常感謝，也非常高興。一方面讓我不得不重新檢討對於那些認真思考而來買這本書的諸多讀者，真的有幫助嗎？我也感受到，有關自然農的理論必須重新書寫添加進去，是理所當然的前提下不可省略的。

「不用耕耘」、「不把草和蟲當作敵人」這些事情具體上是指什麼呢？有關「不需要肥料農藥」，為什麼那樣的栽培是可能的呢？我希望能傳達出自然農的理論深處存在的自然觀、生命世界的實情，因此起心動念書寫第五章。

在這一段期間的個人私事，長期患病的家父往生了，雖然很想儘快將內容重新整理、增加與出版，可是天天持續往返於家父所在的宮崎和福岡。往生前兩個星期，每天還要去家父的100坪田地，採收他栽種的馬鈴薯、給芋頭培土、移植夏季蔬菜。家父快樂的聽取我每天的工作報告，對這本書也好像暗自喜歡的樣子。

送別家父，回到福岡當天，收到規劃本書出版的南方新社向原祥隆先生寄來的委託出版信函。好像是家父介紹牽線一般，總覺得是老天的安排。

向原先生後來立刻就來到一貴山，觀看田地、熱心詢問自然農的相關事情。南方新社在鹿兒島那樣的地方都市，抱著堅強的精神從地方持續發送信息，我能獲得他們出版本書的機會，真是光榮及值得慶幸的事。

最後，這次開始書寫理論的相關內容，承蒙川口老師在百忙中一再指導，特申謝忱。

我深切感覺到這本書尚未成熟，還有成長的必要，但它終究是一本指南書。衷心期望讀者們能各自探索自然農的理論並加以實踐，請大大發揮各自的智慧和能力，確確實實地進行下去。

自然農【第1次栽培全圖解】

向大自然學種菜！活化地力，最低程度介入的奇蹟栽培法

作 者	鏡山悅子	
監 修	川口由一	
翻 譯	岩切澪（合譯・審譯）、蔣汝國（合譯）	
封 面 設 計	郭彥宏	
內 頁 排 版	蘇盈臻	
行 銷 企 劃	林瑈、陳慧敏	
行 銷 統 籌	駱漢琦	
業 務 發 行	邱紹溢	
營 運 顧 問	郭其彬	
果 力 總 編 輯	蔣慧仙	
漫遊者總編輯	李亞南	
出 版	果力文化 漫遊者事業股份有限公司	
地 址	台北市松山區復興北路331號4樓	
電 話	(02) 2715-2022	
傳 真	(02) 2715-2021	
服 務 信 箱	service@azothbooks.com	
網 路 書 店	www.azothbooks.com	
臉 書	www.facebook.com/azothbooks.read	
營 運 統 籌	大雁文化事業股份有限公司	
地 址	台北市松山區復興北路333號11樓之4	
劃 撥 帳 號	50022001	
戶 名	漫遊者文化事業股份有限公司	
初 版 一 刷	2017年10月	
初 版 五 刷	2021年11月	
定 價	台幣380元	

特別感謝 鏡山悅子小姐、川口由一先生
南方新社向原祥隆先生、陳冠宇先生

本書圖文由作者親自同意授權
ALL RIGHTS RESERVED

國家圖書館出版品預行編目 (CIP) 資料

自然農（第1次栽培全圖解）：向大自然學
種菜！活化地力，最低程度介入的奇蹟栽
培法 /
鏡山悅子著；岩切澪、蔣汝國譯. -- 初版. --
臺北市：果力文化，漫遊者出版：大雁文化
發行，2017.10
　224 面；19×26　公分
譯自：自然農　栽培の手引き
ISBN 978-986-95171-1-9(平裝)

1. 有機農業 2. 栽培
430.13　　　　　　　　　　106017116

ISBN　978-986-95171-1-9
版權所有・翻印必究（Printed in Taiwan）
本書如有缺頁、破損、裝訂錯誤，請寄回本公司更換。

漫遊，一種新的路上觀察學
www.azothbooks.com
漫遊者文化

大人的素養課，通往自由學習之路
www.ontheroad.today
遍路文化・線上課程